Shivakumar Gunda
Shamitha Gangupantula

Um estudo comparativo da criação de Antheraea mylitta no exterior e no interior

Shivakumar Gunda
Shamitha Gangupantula

Um estudo comparativo da criação de Antheraea mylitta no exterior e no interior

Factores responsáveis pela não adaptabilidade do bicho-da-seda Tasar, Antheraea mylitta Drury (DABA TV) à criação em interior

ScienciaScripts

Imprint

Any brand names and product names mentioned in this book are subject to trademark, brand or patent protection and are trademarks or registered trademarks of their respective holders. The use of brand names, product names, common names, trade names, product descriptions etc. even without a particular marking in this work is in no way to be construed to mean that such names may be regarded as unrestricted in respect of trademark and brand protection legislation and could thus be used by anyone.

Cover image: www.ingimage.com

This book is a translation from the original published under ISBN 978-3-659-71101-5.

Publisher:
Sciencia Scripts
is a trademark of
Dodo Books Indian Ocean Ltd. and OmniScriptum S.R.L publishing group

120 High Road, East Finchley, London, N2 9ED, United Kingdom
Str. Armeneasca 28/1, office 1, Chisinau MD-2012, Republic of Moldova, Europe
Printed at: see last page
ISBN: 978-620-8-15535-3

factores responsáveis pela não adaptabilidade do bicho-da-seda TASAR, *Antheraea mylitta* Drury (DABA TV) à criação em interior

2016

Authour

Dr.G.Shivakumar

Supervisor

Dr. G. Shamitha

Kakatiya University
Warangal, Telangana State
India - 506009

ÍNDICE

AGRADECIMENTOS

*Tenho o privilégio de transmitir os meus sinceros cumprimentos e um profundo sentimento de gratidão à minha supervisora de investigação, **Q. Shamitha**, professora assistente do Departamento de Zoologia da Universidade de Kakatiya, por me ter sugerido o problema de investigação e pela sua excelente orientação académica. Ela desempenhou um papel fundamental em todas as fases do meu trabalho, encorajando-me, com um planeamento sistemático e meticuloso.*

*Os nossos sinceros agradecimentos são devidos à **UQC, Nova Deli**, por ter sancionado este importante projeto de investigação no âmbito do qual o presente trabalho foi realizado (Qrant n.º: F-33357/2007 (SR). no âmbito do qual trabalhei como -Project Fellow.*

***Y. Pramee-Cadevi**, Diretor do Departamento de Zoologia, pela sua amável cooperação e ajuda na apresentação deste trabalho,*

*Estou também grato ao **Prof. M Krishna Rgddy**, Presidente do Conselho de Estudos do Departamento de Zoologia, pelo seu apoio constante e pela cooperação que me prestou na realização do meu trabalho de investigação,*

*Os meus sinceros agradecimentos ao **Dr. N. Janakjrama Rao**, Professor Associado Aposentado, Departamento de Zoologia, Universidade de Kakatiya, pelo seu encorajamento e orientação académica no início deste trabalho.*

***A. Purushotham Rao**, Professor Catedrático, Departamento de Zoologia, Universidade de Kakatiya, pelo seu encorajamento e orientação académica para a realização deste trabalho.*

*Expresso a minha profunda gratidão ao **Dr. P. Jayaprakash**, Cientista-D, Diretor Conjunto, RfRS Warangal, que deu sugestões valiosas e me permitiu recolher os ovos do bicho-da-seda tasar no Basic Seed 'Multiplication centre, Jakaram.*

***S. Qirisham**, Departamento de Microbiologia, pela sua ajuda no trabalho T.L. C.*

*É um grande prazer expressar os meus sinceros agradecimentos a **Krishna Murthy**, Chefe do Controlo de Qualidade da Sapala Organic Pvt Ltd. pela sua cooperação duradoura durante os estudos de quantificação e RMN das hormonas.*

*Expresso os meus agradecimentos especiais à minha bolseira de investigação, **a Sra. Q. Rgnukg**, pelo apoio constante durante o trabalho de investigação; ao jardineiro **MKflttaiah** e a **M Karunakar Rçddy**, na qualidade de membros da equipa do UQC-MRP (2008-2011), pela sua ajuda e cooperação ao longo do meu trabalho de investigação.*

*Devo os meus agradecimentos especiais aos co-autores **T Bhiyapathi P Layman, A. Srinivas Reddy, P. Layman, A. Nageshwara Rao, Q. Ramu, Narasimha, B. Sheshaiah, L. Venkgnna, B. Satheesh** (Dept of Biochemistry, KU) e **Rpnjith** (Dept of Microbiology, KU) pelo seu apoio e encorajamento durante todo o período de investigação.*

*Estou extremamente grato aos professores do nosso Departamento, **Prof. Q. Raghuramulu**,*

Prof. N. Vijaykumar e *Prof. Q. Benerjee*, pelas suas valiosas sugestões, apoio e encorajamento.

Expresso o meu profundo sentimento de gratidão aos meus pais, o meu pai **Sri Qunda Chandramouli** e a minha mãe **Smt. Q. Padma**, pelo seu trabalho árduo e altruísta e pelas bênçãos divinas que me deram para concluir o meu trabalho.

O meu agradecimento especial à minha mulher **Smt.T Srilakshmi** (Keerthi) e à minha filha **Q. Sanvi**, que sempre me apoiaram e me ajudaram a concluir este projeto académico.

Expresso a minha gratidão aos meus irmãos **Q. Rgvi** e **Q. Rgnjith** e aos meus melhores amigos que sempre me inspiraram a concluir esta tarefa.

(GUNDA SHIVA KUMAR)

ABREVIATURAS

µg	-	Micrograms
µl	-	Microliters
DFL	-	Disease Free Layings
DNS	-	Di-nitrosalsilic acid
E. R. R.	-	Effective Rate of Rearing.
gm	-	Gram
HPLC	-	High Performed Liquid Chromatography
I. S. T. P	-	Inter State Tasar Program
J. F. M	-	Joint Forest Management
M	-	Molarity
M. S. D.	-	Main Scale Division
mm	-	Millimeter
N	-	Normality
N. M. R.	-	Nuclear Magnetic Resonance
nm	-	Nano meter
R. P. M.	-	Revolution per Minute
S. D.	-	Standard Deviation
S. S. C	-	Saline sodium Citrate
T. C. A.	-	Trichloro Acetic Acid.
T. E.	-	Tris EDTA.
T. V. S.	-	Tasar Vikasa Samities
TLC	-	Thin Layer Chromatography
TV	-	Tri-voltine
V. F. C.	-	Village Forest Committee
V. S. D.	-	Vernier Scale Division
V. S. R.	-	Vernier Scale Reading
V. S. S.	-	Vana Samrakshna Samithi

PREFÁCIO

A seda (L. *sericum - silk*) é uma fibra fina, macia, lisa, brilhante, elegante e lustrosa segregada pelas glândulas da seda (glândulas salivares modificadas) da lagarta da traça da seda. As nossas sagradas e antigas escrituras indianas (Ramayana, Mahabharatha e Vedas) utilizavam o termo seda para designar o tecido de Deus (Deva Vastra). Os vedas, originários de antes de 10 000 a.C., contêm as palavras sânscritas Suklamber, Pitamber, Pitakauseya, Pitabasa, que designam a seda branca, a seda amarela, a seda amarelada e a seda castanha. Estas são as provas de que a Índia cultivava seda selvagem, independentemente da China, desde tempos muito antigos. A Índia é o único país que pode produzir os quatro tipos de seda vanya (seda selvagem): Tasar tropical e Tasar temperada, Eri e Muga.

A produção de casulos de tasar é um dos produtos florestais menores importantes do país e a cultura do tasar é uma tradição antiga, que floresce como património tradicional e cultural das tribos na Índia. A cultura do tasar tem sido mantida viva pela maioria das tribos que vivem nas orlas florestais e nas suas imediações, bem como por pessoas económica e socialmente atrasadas, por razões óbvias. Para além de ser simples, o comércio proporcionava um rendimento modesto, adequado às suas modestas necessidades. A Índia possui uma vasta flora alimentar de tasar, mas apenas 5% são atualmente utilizados para a criação de tasar.

Devido aos seus valores étnicos, estéticos e ecológicos, a seda selvagem tem uma forte procura no mercado nacional e internacional. A cultura da traça da seda selvagem na floresta ou em terrenos baldios é uma dessas actividades em que é assegurado um rendimento perene sem grande investimento e sem utilização de qualquer maquinaria ou energia. A cultura do tasar é uma indústria baseada na floresta, que permaneceu como parte integrante da economia tribal em muitos estados da Índia, empregando milhares de pessoas pobres/tribais que não têm outra vocação. Estão associados a esta indústria, quer na recolha de casulos cultivados na natureza, quer na criação do bicho-da-seda em árvores florestais. As tribos têm uma forte afinidade espiritual, cultural e socioeconómica com a floresta e com a criação do bicho-da-seda selvagem. A floresta natural está bem protegida onde se pratica a criação do bicho-da-seda selvagem. Os ramos podados das plantas hospedeiras são utilizados como lenha, o que elimina a necessidade de abate ilegal de árvores para lenha, uma prática comum nas zonas rurais.

A área de cobertura florestal do Estado de Andhra Pradesh, de acordo com a presente avaliação, é de 13,02 lakh hectares de cultura tasar, de um total de 43,29 lakh hectares de área florestal em 2007. Ao praticarem a cultura tasar na floresta sem qualquer investimento, os agricultores ganham um total de 3 198 rupias por ano, o que representa 27% do seu rendimento anual. Graças aos regimes e esforços governamentais, a produção de seda tasar aumentou de 603 MT *para* 720 MT em 200910.

As plantas alimentares primárias do bicho-da-seda tasar, disponíveis em abundância nas florestas dos Estados indianos, podem ser utilizadas em coordenação com as autoridades florestais locais para a propagação em grande escala de raças ecológicas de tasar, de acordo com as preferências da biosfera. Se esta iniciativa for bem sucedida, mudará todo o cenário da produção do sector do tasar tropical no país, para além de melhorar os meios de subsistência das tribos e de melhorar a conservação da biodiversidade de Seri e de obter créditos de carbono sobre ela. Com estas iniciativas, o objetivo do XI plano de produção de 1000 MT de seda de tasar poderá ser atingido em breve e será mais fácil atingir o objetivo de produção de 8000 MT de seda crua de tasar no XII plano.

O presente trabalho constitui um esforço neste sentido, envolvendo a melhoria das práticas de criação em interior total do bicho-da-seda *Antheraea mylitta* Drury (Daba TV), que é o inseto sericígeno selvagem mais interessante, que produz filamentos de seda bons e lustrosos. Sendo selvagem na natureza, é natural que sejam necessários esforços básicos para a sua domesticação. Embora o conceito de interior total já tenha sido desenvolvido, na nossa atividade atual, tal como aqui relatado, foi estabelecida uma melhoria considerável nos aspectos comerciais e outros relacionados com a criação em interior.

CAPÍTULO 1

INTRODUÇÃO

A palavra "Tasar" deriva aparentemente da palavra sânscrita "Trasara", que significa "lançadeira" utilizada nos teares manuais e também designada por "tussah", "tasar" ou "tussora". A seda (L. *sericum* - silk) é uma fibra fina, macia, lisa, brilhante, elegante e lustrosa segregada pelas glândulas da seda (glândulas salivares modificadas) da lagarta da traça da seda.

A seda tasar é de dois tipos: tropical e temperada. A China é o maior produtor mundial de seda de tasar, seguida da Índia. A China produz apenas seda tasar temperada, enquanto a Índia tem a particularidade de produzir variedades tropicais e temperadas. A Índia é o único país onde se produz seda tasar tropical (Ojha e Pandey, 2004)

O bicho-da-seda tasar tropical indiano é o *Antheraea mylitta* Drury e o bicho-da-seda temperado ou bicho-da-seda tasar dos carvalhos indianos é o *A. proylei* J. Outros bichos-da-seda tasar incluem o *A. hubner* (região oriental), o *A. Pernyi* (China, Japão e U.S.S.R.) e o *A. yamami* (Japão), com base no habitat.

O bicho-da-seda tasar *A. mylitta* D. é uma espécie amplamente distribuída na Índia entre 16 - 24^0 N de latitude e 80 - 88^0 E de Bengala Ocidental no Leste até Karnataka no Sul, habitando naturalmente as zonas florestais de Jharkhand, Bihar, Orissa, Madhya Pradesh, Maharashtra e Andhra Pradesh (Thangavelu & Sinha, 1993).

O bicho-da-seda tasar, *A. mylitta*, existe em quase 17 estados do nosso país sob a forma de 44 populações ecológicas (ecoraces) ou biótipos, a *saber* Daba (Jharkhand), Munga (Jharkhand), Modal (Orissa), Sukinda (Orissa), Bhopalpatnam (Chhattisgarh), Piprai (Madhya Pradesh), Tira (Bengala Ocidental), Bankura (Bengala Ocidental), Monga (Uttar Pradesh), Tesera (Rajasthan), Jiribam (Manipur), Raily (Chhattisgrah), Boko (Assam), Andhra (Andhra Pradesh), Sukinda, Bagai, Sarihan (Jharkhand), Medipatho

(Meghalaya) e Bhandara (Maharastra), *etc.,* (BIAS 1998 & Mohanty 2003).

O bicho-da-seda tasar é um inseto polífago que se alimenta de várias plantas alimentares, mas que se alimenta principalmente de *Terminalia arjuna, T. tomentosa* e *Shorea robusta.* As plantas alimentares secundárias são *T. paniculata, Tectona grandis, T. catappa, Shorea roxburghii, Bauhinia variegata, Lagerstroemia indica, Melostoma malabathricum, Carissa carandas, Ficus religiosa, Bombax ceiba, Dodonaea viscose e Madhuca indica, etc.* (Hari e Seth, 1999).

As plantações naturais de *T. arjuna* e T. *tomentosa* encontram-se em abundância em todas as florestas próximas do rio Godavari, em Andhra Pradesh, estendendo-se pelos distritos de Adilabad, Karinmagar, Warangal, Khammam, East Godavari e Vishakapatnam. As plantas também se encontram em Mannur e Kosogi, no distrito de Mahaboobnagar, e nas florestas de Nallamalla, nos distritos de Prakasham e Kurnool, ao longo dos riachos (inquérito de base de 1992).

Foi efectuado um estudo sobre a influência das defesas da planta hospedeira, *T. arjuna* (inibidores das proteases do intestino médio) na evolução do comportamento alimentar do bicho-da-seda tasar (Shruti *et al.,* 2006). Os primeiros instares de *A. mylitta* Drury mostraram uma preferência diferencial de alimentação em relação a diferentes folhas de desenvolvimento da planta hospedeira, *T. arjuna.* As folhas semi-maduras foram preferidas pelo primeiro, segundo e terceiro instar de *A. mylitta.* Um estudo sobre o valor nutricional de folhas de diferentes grupos etários no que diz respeito a proteínas solúveis e perfil electroforético mostrou que as folhas jovens são nutricionalmente ricas em comparação com as folhas semi-maduras e maduras (Scheirs *et al.,2002).* No entanto, a resposta do crescimento e a sobrevivência das larvas foram melhores nas folhas semi-maduras em comparação com as folhas jovens e maduras. Quando analisadas, as folhas semi-maduras mostraram uma atividade inibidora de proteases intermédia entre as folhas jovens e maduras, o bicho-da-seda desenvolveu proteases que são insensíveis ao inibidor de proteases foliares da planta hospedeira. Assim, o comportamento alimentar diferencial das larvas do bicho-da-seda tasar é uma adaptação para a coexistência do inseto e da sua planta hospedeira.

Um estudo efectuado por Yadav e Mahobia (2010) sobre a criação do bicho-da-seda tropical tasar, *A. mylitta* D., Daba ecorace alimentado com folhas de *T. tomentosa* Wight & Am., *Lagerstroemia parviflora* Roxb e a sua contribuição para a avaliação das caraterísticas associadas à alimentação. Os resultados revelaram que a duração das larvas e o período de fiação foram os mais baixos, enquanto a taxa efectiva de criação, a produção de casulos, o peso de um único casulo, o peso de uma única casca e a produção de seda permaneceram significativamente mais elevados nas larvas alimentadas com *T. tomentosa quando* comparadas com as de *L. parviflora* e as suas combinações com *T. tomentosa*. Este estudo concluiu que a associação de uma combinação de alimentos permitiu que as larvas de insectos da seda adquirissem a tolerância contra o stress associado à ausência de certos alimentos de primeira escolha com uma melhor associação de casulos e conchas devido à presença relativa de certos aminoácidos livres nas larvas de quarto e quinto instares criadas em intercâmbio de plantas alimentares.

A *A. mylitta* D., ecorace Daba, nativa de Singhbhum de Jharkhand, está disponível em duas formas baseadas no voltinismo, *nomeadamente* Bi e Tri-voltine. De acordo com o último estudo sobre o bicho-da-seda tasar efectuado por Srivastava e Suryanarayana (2005), as caraterísticas da *Antheraea mylitta* Drury, Daba ecorace são a capacidade de emergência de 91,19%, a capacidade de acasalamento de 76,10%, a fecundidade média de cerca de 250, o peso do casulo de 16,39 gm e o peso da casca de 2,65 gm. Tem capacidade de enrolamento, rácio de casca, comprimento do filamento e denier de 16,76%, 69%, 1010 m e 9%, respetivamente.

O ecoturismo de Daba TV tem enfrentado problemas durante a criação ao ar livre: grande mortalidade de larvas devido a predadores, parasitas (Singh e Thangavelu 1991) , eclosão irregular de ovos que conduz a um período larvar prolongado, riscos climáticos (Sen e Jolly-1967), período indefinido de diapausa que conduz a uma emergência errática de traças, seguida de um apoio inadequado às sementes e outros problemas de granação (Thangavelu, 1993). Há uma escassez de tecnologias adequadas, especialmente no sector pós-casulo e nas instalações de comercialização. Na fase pós-casulo, esta raça apresenta alguns inconvenientes, como a falta de uniformidade da estrutura do casulo, a deposição de seda e a ebulição do casulo devido à sua dureza, o que é responsável por 50% de perda de seda na fiação.

Uma vez que a criação é feita ao ar livre, há uma certa perda de culturas devido aos parasitas e aos caprichos da natureza que afectam o rendimento dos casulos. Além disso, a baixa capacidade de postura dos ovos (150-200), a duração prolongada das larvas das culturas comerciais e a eclosão irregular dos ovos, *etc.*, colocam sérias limitações. Para além da uniformidade e eficiência dos casulos, a percentagem de enrolamento e a produtividade do fio têm as suas próprias limitações. A organização das sementes, a comercialização dos casulos de tasar, os fios e os tecidos continuam a ser sectores não organizados no tasar (Sinha, *et al.,* 1992) .

As raças do bicho-da-seda tasar, sendo de natureza selvagem, podem tolerar uma vasta gama de temperaturas e humidade. Podem sobreviver a temperaturas e humidades relativas tão elevadas como 35° C e 90 - 100% e tão baixas como 9° C - 10° C e 30 - 40%, respetivamente. A temperatura de 28^0 C - 30^0 C é para uma incubação mais uniforme, a temperatura óptima para a criação do bicho-da-seda Tasar é de 25 C-30^{00} C e a humidade relativa é de 60% - 80% (Suryanarayana e Srivastava 2005).

O efeito de níveis de humidade entre 55% e 80%, no ambiente, sobre o peso do bicho-da-seda e a capacidade de sobrevivência de *Bombyx mori* Linn. foi relatado por Pandey e Tripathi (2008). Os resultados indicaram que a capacidade máxima de sobrevivência e o peso das larvas foram obtidos num intervalo de humidade entre 75% e 80% e que a diminuição do nível de humidade abaixo de 75% provocou um declínio gradual no desempenho das larvas de *Bombyx mori.*

Uma das medidas para reforçar a cultura tasar consiste em evitar a desflorestação, uma vez que a indústria tasar é sinónimo da existência de florestas. A desflorestação maciça das florestas constitui uma grande ameaça para a cultura do tasar (Alok Sahay & Kapila 1991). Por conseguinte, uma ação firme de florestação ajuda a manter as florestas de tasar e, subsequentemente, a cultura tasar. O governo indiano está a levar a cabo programas de conservação da floresta e da fauna para ajudar as famílias dependentes da floresta a utilizar os seus recursos.

Kapila (1989) sugeriu a criação do bicho-da-seda tasar como uma ajuda para melhorar o ambiente e a silvicultura social em zonas atrasadas. O abandono desta atividade pela nova geração tribal, tendo em vista outras ocupações lucrativas, veio agravar o problema. São essencialmente necessárias melhores estratégias de comercialização para minimizar a exploração dos produtores de casulos. Embora vários regimes como o ISTP (Inter State Tasar Project), VSSs (Vana Samrakshna Samithis), TVSs (Tasar Vikas Samithies), VFCs (Village Forest Committees) e JFMCs (Joint Forest Management Committees) estejam a conservar a flora e a fauna florestais (Balaji, 2001; Berkes 2004; Sethi e Sinha, 2001), gerando assim meios de subsistência para as famílias dependentes da floresta.

A conservação económica dos insectos selvagens e a agro-silvicultura são abordagens interdisciplinares e multi-sectoriais da utilização dos solos e o seu principal objetivo é proteger o ambiente e manter a integridade natural (Gill e Lal 2002). A biodiversidade de tasar da Índia enfrenta problemas de extinção, *ou seja,* a destruição de habitats naturais, a sobre-exploração, a indução de espécies exóticas, o controlo de pragas e predadores relacionados e a poluição, para além da desflorestação, são os recursos para a diminuição da vida selvagem dos insectos tasar (Manohar Reddy 2010).

A plantação de árvores hospedeiras de tasar e a criação de bichos-da-seda de tasar quase devem ser consideradas actividades florestais, uma vez que a seda de tasar é um dos produtos florestais não lenhosos mais importantes. Este facto não só proporciona sustento à população tribal, mas também uma utilização sustentável dos recursos florestais.

A maior parte das perdas de culturas na criação do bicho-da-seda tasar deve-se a doenças virais. Uma vez que a criação é realizada completamente ao ar livre na floresta, não há controlo sobre as condições climáticas (temperatura e humidade) e, por conseguinte, a criação do bicho-da-seda tasar está sujeita a grandes flutuações nas condições climáticas, que frequentemente conduzem a ataques virais. Existem vários predadores do bicho-da-seda tasar, como a mosca *Ichneumon*, o percevejo *Canthecona*, o percevejo *reduvídeo*, o *Hicrodulla bipapilla* (louva-a-deus), *etc.*, que são inimigos naturais em abundância no campo de criação e que causam perdas de culturas (Sinha *et al.*, 1992).

De acordo com a literatura mais recente, a medida de controlo biológico IPM package (Integrated pest management package) contra a mosca Uzi, desenvolvida no Central Tasar Research and Training institute, Ranchi, Índia. O que envolve medidas mecânicas e químicas (utilização de uma solução de pó branqueador como ovicida) e biológicas (*Nosolynx thymus*, que é um parasita da mosca Uzi, ataca os estádios imaturos da mosca Uzi) tem 75,31% de eficácia no controlo da infestação da mosca Uzi no bicho-da-seda tropical tasar (Ram Kishore *et. al.*, 2009).

Numerosos insectos alimentam-se do bicho-da-seda tasar, dos quais *Xanthopimpla* (himenópteros) e *Blepharipa* (dípteros) são parasitas de pupas e larvas, *Sycanus, Cantherona* (hemípteros), *Hierodulla bipapilla* (dípteros), *Polistes* e *Oecophylla* (himenópteros) são predadores de diferentes grupos etários do bicho-da-seda tasar. O efeito cumulativo destes resultados é uma perda de 30 a 40% da cultura do tasar. Diversos grupos de animais como rãs, morcegos, aves, cobras, lagartos, etc. e nemátodos parasitas *(Hexamormis sp.)* aumentam ainda mais a extensão dos danos causados pelas larvas do tasar. O complexo de pragas das plantas alimentares de tasar *T. arjuna* e *T. tomentosa* inclui *Coleoptera* e *Chrysomelids* que são sugadores de clorofila e destruidores de raízes. As lagartas de lepidópteros são os principais desfolhadores. Existem também alguns insectos formadores de galhas (*Trioza fletcheri*). Estas pragas são controladas, até certo ponto, através da utilização de pesticidas como os carbamatos, *etc.* (Mishra e Singh 1992).

Estudos de microscopia eletrónica da glândula posterior da seda do bicho-da-seda Tasar, *Antheraea mylitta* Drury, revelaram que a presença de bactérias, de polihidrose nuclear e de esporos nas células causou uma redução significativa da concentração total de proteínas quando comparada com a de larvas saudáveis. No entanto, não foram encontradas alterações significativas nas larvas afectadas por microsporidiose (Tembhare e Barsagade, 2003).

O efeito da infeção por Pebrine na fecundidade e na retenção de ovos na traça-da-seda, *A. mylitta* D., em diferentes estações, revelou que a doença diminui significativamente a produção de ovos, a fecundidade e a eclosão, mas aumenta a retenção de ovos e a percentagem de declínio na produção de ovos. No entanto, verificou-se que a fecundidade e a eclosão eram mais elevadas nas traças fortemente infectadas (Rath *et. al.,* 2001).

Para estabilizar a produção de seda do tasar e aumentar o rendimento da cultura do tasar, é necessário melhorar consideravelmente os métodos de criação do bicho-da-seda do tasar, uma vez que a criação ao ar livre do bicho-da-seda selvagem predispõe as larvas aos caprichos das condições climáticas, tornando-as também mais vulneráveis a pragas e doenças. Os bichos-da-seda de tenra idade (chawki) são muito afectados pelos predadores, como já foi referido. Uma forma mais segura de evitar a perda de colheitas de bichos-da-seda é a criação do bicho-da-seda selvagem em recintos fechados. Anteriormente, foram feitas várias tentativas de criação em recinto fechado do bicho-da-seda tasar, mas não se obtiveram os resultados desejados. Akai *et al.,* (1991) no National Institution of Sericultural and Entomological Sciences, Japão, desenvolveram uma dieta artificial para o bicho-da-seda tasar tropical contendo pó de folhas de asan, a principal planta alimentar dessa raça em particular, e obtiveram algum sucesso.

A área florestal total de Andhra Pradesh é de 43,29 (Lakh Hectare), a área de criação do bicho-da-seda tasar é de 13,02 Lakh Hectare (Mishra *et al.,* 2006). A produção de seda tasar aumentou de 603 MT para 720 MT em 2009-2010. Um estudo recente sobre o tasar tropical - utilização e conservação dos recursos naturais para o desenvolvimento tribal revelou que a conservação da biodiversidade florestal exige o envolvimento da comunidade, especialmente das tribos, devido à sua estreita associação com a tradição florestal. A linha de base florestal das plantas alimentares do bicho-da-seda (131,48 Lakh Hectare), que associa cerca de dois lakh de famílias tribais, constitui uma base eficaz para a gestão florestal de base comunitária (Bhatia *et al.,* 2010). Constitui uma base eficaz para a gestão florestal conjunta (JFM) baseada na comunidade (Reddy, 2010).

A palavra "Chawki" é de origem Kannada - a "criação de Chawki" significa criação de bichos-da-seda jovens. No passado recente, foram feitas muitas tentativas para o progresso da cultura do tasar. Thangavelu *et al.,* 1992 e Jayaprakash *et al.,* 1993 tentaram criar o bicho-da-seda Chawki para evitar a perda de larvas na fase inicial, o que resultou num aumento de 20% da taxa de mortalidade por eclosão. A colocação de ovos em caixas negras em *Bombyx mori* levou a uma sincronização de 50-60% da eclosão dos ovos. A cozedura do casulo com peróxido de hidrogénio permite obter fios de melhor qualidade. A utilização de Asciphor é considerada muito eficaz no controlo das doenças da flacherie e da grasserie. Foram feitas várias tentativas de controlo biológico dos predadores do bicho-da-seda tasar (Singh *et al.*, 1992; Singh e Thangavelu, 1991). Também foram feitos esforços para evitar a mortalidade das pupas devido a temperaturas elevadas (Ananthbandu e Ashok 1994), conservando o casulo a 10-12° C durante um período de três meses, o que reduziu o aparecimento irregular e a mortalidade das pupas.

A criação tradicional do bicho-da-seda tasar em árvores cultivadas na floresta resultou numa perda de 80-90% da colheita devido a pragas, predadores, calamidades naturais e doenças (Mathur e Sukla 1998). Vários trabalhadores fizeram esforços para a criação de chawki (criação dos primeiros III instares) para evitar a perda de bichos-da-seda de tasar em idade precoce (Jolly, 1972; Mathur *et al.*, 1996 & 1999; Babu e Purushotham Rao, 1998 e Mathur & Sukla 1998).

Alok Sahay (2005) efectuou um estudo sobre quatro desinfectantes, nomeadamente Tasar Keet Oushad (T. K. O.), Vijetha, Resham Jyothi e Sanjeevani e uma avaliação comparativa do controlo das principais doenças do bicho-da-seda tasar, *Antherea mylitta*. Os resultados mostraram que o tratamento das larvas com Tasar Keet Oushad (TKO) teve o melhor desempenho no controlo da propagação da virose (13,21%), da bacteriose (16,22%) e da doença da muscurdina (7,10%), seguido dos tratamentos com Vijetha.

Os bichos-da-seda que não são da amoreira são vulneráveis a várias doenças, pragas, parasitas e predadores, o que resulta numa perda de 50-60% das colheitas (Goel, 2000). O bicho-da-seda tasar *A. mylitta* D. Daba TV ecorace é geralmente atacado por quatro tipos de doenças - bacterianas, virais, fúngicas e protozoárias. Doença bacteriana causada por *Streptococcus,* bactérias gram positivas e gram negativas, com três tipos de sintomas reconhecidos, *isto é,* selagem dos lábios anais, protrusão rectal e excrementos em cadeia. A incidência de doenças virais causadas pelo vírus da poliedrose é a doença mais temida, resultando em perdas de colheitas muito elevadas, particularmente no instar tardio. A doença fúngica causada por *Penecillium citrinum* e *Nosema* causada pela microsporidiose protozoária é uma das principais doenças que afectam o rendimento do casulo. As pragas e os predadores, *nomeadamente* a mosca tachinídea *(Bleparipa zebina)* e a mosca ichneumon *(predador Xanthopimpla), o* louva-a-deus, o percevejo Canthecona, o percevejo reduvídeo, a formiga vermelha e as vespas, também causam perdas de colheita (Desh Raj 2000). Através dos sintomas acima mencionados, a mortalidade devida a doenças foi reconhecida e representada nos resultados.

Verifica-se uma grande perda de população, particularmente no primeiro instar, devido à praga e a fortes chuvas na criação ao ar livre. A ocorrência de doenças é maior no terceiro e quarto instares, com infecções virais e bacterianas, apesar do problema dos predadores. Além disso, a criação ao ar livre implica mais vigilância, custos de mão de obra e processos laboriosos durante a colocação das redes e a colheita dos casulos. Para ultrapassar estes obstáculos e simplificar estes processos, foi feita uma tentativa de realizar uma criação totalmente em interior nas linhas de bichos-da-seda da amoreira. Este método envolve a criação de bichos-da-seda no interior de uma sala, desde a fase de escovagem até à formação do casulo, proporcionando condições controladas.

A criação em recinto fechado de larvas de seda de amoreira através da utilização de dieta artificial tem sido muito bem sucedida no Japão (Fukuda, 1960, Ito, 1961, 1974) e na China, Yungen 1994). A dieta artificial para a criação das mariposas selvagens *A. yamamai* e *A. pernyi* foi desenvolvida com sucesso (Fukuda 1987, Higuchi, 1990, Gonyin e Cul, 1994). A criação em recinto fechado da traça-da-seda tasar cultivada na Índia, *A. mylitta*, utilizando uma dieta artificial, foi efectuada com êxito por Akai *et al.* (1991). A criação semi-domesticada de *A.mylitta,* ecorace modal no seu habitat natural, foi possível por Nayak *et al.,* 1994 e Nayak e Jagannatha Rao 1998).

Na presente investigação, foi feita uma tentativa de criação total em recinto fechado de *A. mylitta* Drury, Daba TV, na qual a criação do bicho-da-seda foi efectuada desde a fase de escovagem até à fase de formação do casulo em condições controladas para as três colheitas, ou seja, de junho a dezembro, na Unidade de Sericultura, Departamento de Zoologia, campus da Universidade de Kakatiya. Simultaneamente, a criação ao ar livre também foi efectuada no campo de plantação de *Terminalia arjuna* criado na Unidade de Sericultura, Universidade de Kakatiya. Os parâmetros físicos das larvas, como o comprimento, o peso, a cor, a mortalidade e a duração das larvas, foram observados tanto nas larvas criadas no interior como no exterior. Os parâmetros do casulo, do pós-casulo e do pedúnculo de ambos foram estudados e comparados. Foi efectuada uma análise comparativa das estimativas bioquímicas nos vermes do quarto e quinto instares tardios, que foi apresentada nos resultados.

Para os estudos bioquímicos, a hemolinfa do bicho-da-seda Tasar, *A. mylitta* Drury, Daba, criado no exterior e no interior, foi recolhida para a estimativa quantitativa dos componentes básicos, *nomeadamente* hidratos de carbono, proteínas, lípidos e hormonas (Ecdysone e Juvinile hormone III). O sumo digestivo também foi recolhido para determinar a atividade das enzimas (amilase, protease e lipase) a 37oC e pH 6,8.

A trealose, o dissacárido não redutor, é o principal açúcar que circula no sangue ou na hemolinfa da maioria dos insectos, sintetizado no corpo adiposo após a digestão do açúcar da dieta. É um produto de condensação de dois intermediários glicolíticos, a glucose-1-fosfato e a glucose-6-fosfato.

Esta concentração variável é essencial para o cumprimento dos papéis da trealose, como (1) um armazenador de energia, o papel tradicional atribuído à trealose; (2) um crioprotector, reduzindo o ponto de sobrearrefecimento de alguns insectos que evitam o congelamento; (3) estabilizador de proteínas durante o stress osmótico e térmico, uma função só recentemente investigada em insectos, e (4) componente de um mecanismo de feedback que regula o comportamento alimentar e a ingestão de nutrientes, em que os níveis de metabolitos no sangue, incluindo a trealose, actuam através da modulação das respostas dos receptores gustativos e através do sistema nervoso central para influenciar a seleção de alimentos (Thompson 2003).

Os perfis proteicos da hemolinfa de *Bombyx mori* sob stress térmico induzido revelaram que as proteínas na gama de 68-97 kDA desempenham um papel na tolerância térmica, sendo que o aumento da quantidade de proteínas é comparativamente mais precoce na raça CSR18 do que na CSR2 e a raça CSR18 é tolerante a temperaturas elevadas (Chitra *et al.*, 2009).

De acordo com Arundhuti e Bassappa (2005), os efeitos bioquímicos do cloreto de potássio no bicho-da-seda, *Bombyx mori*, revelaram um aumento de 4% da proteína do corpo adiposo e de 21% da proteína da hemolinfa quando o concentrado de KCl era de 50 gg/ml, mas quando a concentração foi aumentada para 150 gg/ml o teor de proteína aumentou para 19% no corpo adiposo e 41% na hemolinfa.

A análise dos lípidos totais durante os estádios de desenvolvimento foi efectuada no bicho-da-seda (Nakasone & Ito, 1967: Chinya & Ray, 1976) e em *A. mylitta* por Agarwal *et al.*, 1981, segundo os quais o teor de lípidos diminuiu gradualmente até à larva de quinto instar em *A. mylitta*, mas Sushila Gupta & Pathak (1984) mostraram que os lípidos aumentaram do segundo para o quarto instar da larva e que a larva madura de quinto instar continha a maior quantidade de lípidos. Os machos continham mais lípidos do que as fêmeas. Mas a proporção é diferente de inseto para inseto. Agarwal *et al.*, (1981), relataram 27% e 42% (interno do peso fresco) em machos e fêmeas de *A. mylitta* D., respetivamente. Nakasone e Ito (1967) registaram 14,79% e 6,09% e 18,79% e 5,71% (interno do peso fresco) em machos e fêmeas de *B. mori*, respetivamente.

Estudos efectuados por Basavaraju *et al.*, (1999) sobre o efeito da temperatura na atividade das proteases alcalinas no tecido do intestino médio e na hemolinfa do bicho-da-seda, *Bombyx mori* L., revelaram que o período de vida das larvas era mais curto quando criadas a 33° C, sendo o pico de atividade observado no início de cada instar a 33° C, ao passo que nas larvas a 25° C o pico de atividade se situava a meio de cada instar. Concluiu-se que a temperatura tinha afetado as actividades metabólicas das larvas e que a atividade da protease era maior nas larvas criadas a 33° C do que a 25° C.

Os relatórios de Unni *et al.* (2004) revelaram que a atividade de amilase na hemolinfa e no fluido digestivo dos bichos-da-seda *A. assama* e *Philosamia ricini* expressava uma atividade de amilase específica do desenvolvimento. No entanto, a atividade de amilase na hemolinfa de *P. ricini* era muito baixa, enquanto a atividade de amilase no fluido digestivo de *A. assama* era várias vezes inferior à de *P. ricini*.

A qualidade dos casulos é avaliada pelos seus caracteres comerciais, como a espessura da casca, a dureza, a proporção da casca, o comprimento do filamento, a capacidade de enrolamento e o baixo denier. Verificou-se que estes caracteres são superiores nos casulos do tasar tropical indiano *A. mylitta* em relação a todos os outros insectos produtores de seda não-mulberry conhecidos (Thangavelu 1992 & Akai, 2000).

O intestino médio de *Eurygaster maura*, inseto adulto, foi recolhido e o seu intestino isolado e caracterizado para determinar a atividade da α-amilase segundo Mehrabadi e Ali (2009). Os resultados mostraram que a atividade da α-amilase no intestino médio era de 0,083 U/inseto. O pH e a temperatura óptimos para a atividade enzimática foram determinados como sendo 6,0-6,5 e 30-35°C, respetivamente. A atividade enzimática foi inibida pela adição de EDTA (ácido etilenodiamino tetra-acético), ureia, $CaCl_2$, $MgCl_2$ e SDS, mas $Mg2+$, NaCl e KCl aumentaram a atividade enzimática.

Um estudo recente sobre alterações qualitativas e qualitativas no perfil proteico de diferentes tecidos de larva, pupa, adulto e ovo do bicho-da-seda tropical tasar, *A. mylitta* Drury, revelou que foi observada uma variação dependente da fase e da idade no perfil proteico de 36 e 64 kDa em diferentes tecidos (Kumar *et al.*, 2011). A concentração de proteínas foi registada como sendo mais elevada em ovos postos por uma traça fresca do que por uma traça com 3 dias de idade e também se observou uma variação significativa em ovos normais e deprimidos. A concentração de proteínas na hemolinfa e no intestino médio foi registada como sendo mais elevada em larvas de alimentação de 3rd e 5th instar e em larvas maduras de 4th instar. A concentração de proteínas na hemolinfa das pupas antes de a janela do cérebro se tornar opaca. A concentração de proteínas no corpo gordo das larvas mostrou uma tendência crescente entre os instares 3rd e 5th e foi mais elevada nas pupas depois de a janela do cérebro se tornar opaca e nas traças frescas.

Os constituintes bioquímicos da hemolinfa, como as proteínas totais, os aminoácidos livres, a trealose, o glicerol e o glicogénio, foram estimados em larvas do último instar da ecorace bivoltina de Daba do bicho-da-seda tropical *A. mylitta* Drury, a fim de diferenciar as gerações destinadas à não-diapausa (NDD) das destinadas à diapausa (DD) e também de as relacionar com a preparação para a diapausa. Durante o fagoperíodo do último instar, a presença de proteína (35,119 mg/ml), trealose (7,530 mg/ml) e glicerol (0,084 mg/ml) foi significativamente mais elevada nos machos da geração DD do que na geração NDD (proteína- 6,384mg/ml; trealose 4,298 mg/ml; glicerol- 0,029mg/ml). As larvas fêmeas da geração DD tinham um nível significativamente mais elevado de proteínas (8,739 mg/ml), aminoácidos (4,976mg/ml), trealose (7,963mg/ml) e glicerol (0,077 mg/ml) do que as larvas fêmeas da geração DD (Mishra *et al.*, 2009).

A fase larvar de quarto e quinto instar é o período de alimentação mais ativo, durante o qual as larvas acumulam grandes quantidades de reservas biomoleculares em vários tecidos e são dotadas de uma adaptação bioquímica única para conservar os recursos nutricionais para a fiação do casulo, a metamorfose e a reprodução (Hugar & Kaliwal, 1998).

O presente estudo baseia-se na quantificação destes reservatórios, nomeadamente a hemolinfa, o corpo adiposo e a glândula da seda, que afectam o desenvolvimento da glândula da seda (Nair *et al.*, 2007), a produção de seda, a formação do casulo, a metamorfose e a reprodução. Estas macromoléculas estão envolvidas na regulação de todos os eventos bioquímicos no organismo (Harper *et al.*, 1993).

A hemolinfa é o ambiente imediato dos órgãos do bicho-da-seda; a atividade metabólica e o desenvolvimento são afectados pela hemolinfa (Nakayama *et al.*, 1990). O corpo adiposo dos insectos é o centro do metabolismo intermédio e da síntese dos componentes da hemolinfa, tendo sido comparado ao fígado dos vertebrados (Kltay 1963, Price 1973 e Wyatt 1975). Também serve para armazenar reservas de nutrientes, uma função que é mais pronunciada durante a metamorfose dos insectos holometábolos, quando as células do corpo adiposo hipertrofiam e ficam carregadas de lípidos, glicogénio e proteínas. Foi repetidamente descrita a acumulação de grânulos proteicos densos nas células do corpo adiposo de vários insectos no início da metamorfose (Price, 1973 & Thomson, 1975).

As glândulas da seda produzem as principais classes de proteínas da seda. A fibroína, a proteína da fibra da seda, é sintetizada na glândula posterior da seda (PSG) (Couble *et al.*, 1983; Kimura *et al.*, 1985), e as sericinas, um grupo de proteínas adesivas que revestem a fibroína, são produzidas na glândula média da seda (MSG) (Ishikawa e Suzuki, 1985). Os genes que codificam estas proteínas são ativamente expressos numa fase específica do desenvolvimento, principalmente durante o quinto instar do desenvolvimento larvar (Suzuki, 1977 e Prudhomme & Couble, 1979).

A amilase é uma das principais enzimas envolvidas na digestão e no metabolismo dos hidratos de carbono nos insectos (Daone *et al.*, 1975 e Horie & Watanabe 1980). A atividade da amilase aumenta acentuadamente durante os instares III e IV e atinge o valor mais elevado no último período dos instares IV e V, diminuindo durante a centrifugação (Tanaka e Kusana 1980). O aumento da atividade da amilase nos vermes criados em interior é consistente com o relatório sobre amilases no bicho-da-seda, *Bombyx mori*, que revelou um aumento da atividade da amilase e uma digestão eficiente do amido na estirpe não diapausa, o que pode ter um significado adaptativo e uma melhor capacidade de sobrevivência do que as estirpes diapausa (Abraham *et al.*, 1992). Os presentes estudos são um relato comparativo da atividade da amilase no bicho-da-seda Tasar *A. mylitta*. D. (Daba TV).

A lipase é uma enzima responsável pela hidrólise dos triglicéridos. Desempenha um papel fundamental na aquisição, armazenamento e metabolismo dos lípidos dos insectos e é também fundamental para muitos processos fisiológicos, nomeadamente a reprodução, o desenvolvimento, a defesa contra os agentes patogénicos e o stress oxidativo e a sinalização por feromonas Horne *et al.*, (2009). Estão também envolvidas no metabolismo dos lípidos intracelulares (Pol & Salunkhe, 2001).

A purificação e as propriedades de uma lipase de *Cephalolaia presignis* (Coleptera: Chrysomelidae) foram estudadas por Arreguin *et al.*, 2000. A lipase do corpo adiposo larvar de *Chilo parellus* mostrou uma atividade máxima a pH 8,0 (Sakate & Pol 2002). Uma lipase isolada do bicho-da-seda *Bombyx mori* apresenta atividade antiviral contra o Nucleopolyhedrovirus (Ponnuvel *et al.*, 2003).

Ramesh e Manisha (2010) avaliaram a atividade da lipase da broca do fruto do brinjal, *Leucinodes orbonalis* (Guenee), uma praga da beringela no Sul da Ásia. A lipase larvar revelou um pH ótimo de 7,8, um tempo de incubação de 30 minutos, uma concentração de enzima de 1% e uma concentração de substrato de 5%. Observou-se um aumento gradual da atividade da lipase larvar a partir de larvas com 1 dia de idade e uma diminuição gradual a partir de larvas com 8 dias de idade (máximo) até larvas com 11 dias de idade.

No presente estudo, tentou-se avaliar a atividade da lipase durante o desenvolvimento larvar do quarto e do segundo instar de *A. mylitta* Drury, que está principalmente relacionada com a libertação de energia para a sua vida ativa e com os componentes estruturais do crescimento larvar.

As proteases são um grupo de enzimas proteolíticas que hidrolisam as proteínas em aminoácidos. A presença de atividade de protease não intestinal nos tecidos do bicho-da-seda é atribuída ao seu papel na proteólise, caracterizando a metamorfose do inseto.

As alterações metabólicas dos insectos desempenham um papel importante na interação entre o hospedeiro e o agente patogénico como parte da estratégia de sobrevivência, incluindo bloqueios físicos como a cutícula e a matriz peritrófica, barreiras epiteliais, cascatas de proteases que conduzem à coagulação e à melanização e também à produção de determinados produtos finais metabólicos (Rajasekhar *et al.*, 1992; Vernick *et al.*, 1995; Lehane, 1997; Lavine e strand, 2002; Ligoxygakis, 2002; Lehane *et al.*, 2004 e Manohar, 2006).

Um estudo recente sobre a criação total em recinto fechado do bicho-da-seda tasar *A. mylitta* D., no ecorace local de Andhra, utilizando folhas selecionadas e condições óptimas de temperatura e humidade relativa, revelou que os teores de substratos como trealose, glucose, proteínas, aminoácidos e ácido úrico na hemolinfa e no corpo adiposo eram mais elevados em condições de criação em recinto fechado do que nas condições de criação ao ar livre, que enfrentam condições ambientais flutuantes, alterações de qualidade das folhas e fotoperiodismo. O aumento do teor de aminoácidos na hemolinfa das minhocas criadas em recintos fechados pode dever-se a uma atividade proteolítica elevada ou possivelmente a uma decomposição reduzida dos aminoácidos devido aos movimentos lentos e restritos das minhocas, o que leva a uma menor atividade e a um menor consumo de folhas, conduzindo a uma má qualidade dos casulos (Shamitha,

2007 & 2008).

A hormona ecdysone (20-hidroxiecdysone) é uma hormona esteroide responsável pela muda dos insectos para promover o crescimento, também designada por hormona da muda. Pela primeira vez, a hormona da muda (MH) foi extraída, purificada e cristalizada a partir de *Bombyx mori* por Butenandt e Karlson (1954). Karlson e Hoffmeister (1963) mostraram, por análise de raios X, que se trata de um esteroide natural, com um peso molecular de 464, com a fórmula empírica $C_{22}H_{44}O_6$.

A hormona juvenil é segregada pela carpora allata, que é uma glândula endócrina associada ao cérebro na região da cabeça. A hormona juvenil é de três tipos: JH I e JH II, que estão diretamente envolvidas no desenvolvimento larvar, e JH III, que se presume ser a hormona gonadotrofina (Lanzrein *et al.*, 1975). As hormonas juvenis são uma série homóloga de sesquiterpenóides que estão envolvidos na embriogénese, na muda, na metamorfose e na reprodução (Gilbert *et al.*, 2000). A hormona juvenil inibe a metamorfose e prolonga o período larvar, dando origem a adultos gigantes.

As hormonas juvenis são uma classe de sesquiterpenóides que regulam a embriogénese, o progresso do desenvolvimento larvar e adulto, a metamorfose e a reprodução nos insectos (Riddiford, 1994). Estão também envolvidas no controlo da diapausa, migração, polifenismo, comportamento e metabolismo (Roe e Venkatesh, 1990, Kort e Granger 1996).

CAPÍTULO 2

MATERIAL E MÉTODOS

1. INTRODUÇÃO AO INSECTO DE ENSAIO:

O bicho-da-seda Tasar, *A. mylitta D.* (Daba TV), é um inseto sericígeno, polífago, distribuído sob a forma de cerca de 43 ecoráceas em zonas geográficas tropicais variadas na Índia (Singh e Srivastava 1997) como Bihar (Singhbhum, Santhal), Madhyapradesh (Jagdalpur), Orissa (Mayurbhanj), Bengala Ocidental (Bankura), Maharashtra (Bhandara), Andhra Pradesh (Adilabad, Warangal, Karimnagar e Khammam) e Karnataka (Belgaum). Entre cinquenta raças de insectos sericígenas, só se observam 25 raças de *A. mylitta* Drury (Jolly *et.al.*, 1974).

O bicho-da-seda tasar tropical alimenta-se de oito plantas alimentares primárias e mais de duas dúzias de plantas alimentares secundárias (Jolly 1968, Nguyon 1974, Rangaswami *et al.*, 1976). As plantas alimentares primárias são *Terminalia arjuna, T. tomentosa, Shorea robusta, Lagerstroemia parviflora, L. speciosa, L. indica, Zizyphus* e *Hardwickia binata*. As plantas alimentares secundárias importantes são a *Terminalia chebula, T. belerica, T. catappa* (badam), *Shorea tailura, Syzgium cumini, Skeels* (Jamun), *etc.*

Tabela 1. Posição sistemática do inseto testado e da planta hospedeira:

Inseto de teste		Planta hospedeira	
Reino Unido	: Animália	Reino Unido	Plantae
Filo	: Arthropoda	Divisão	Magnoliophyta
Classe	: Insectos	Classe	Magnoliopsida
Encomendar	: Lepidópteros	Encomendar:	Myrtales
Família	: Saturniidae	Família	Combretaceae

Subfamília	: Saturniinae	Género	: *Terminalia*
Tribo	: Saturniini	Espécies	: *arjuna*
Género	: *Antheraea*		
Espécies	: *mylitta*		
Corrida	: Indiano		
Ecorace	: Daba		

As caraterísticas externas do bicho-da-seda Tasar, *A. mylitta* Drury, ecorace Daba incluem: cor da asa avermelhada ou amarelada, castanha e cinzenta, costae, fáscia dos membros anteriores atingindo o ápice, as manchas hialinas e oceladas muito maiores, a linha interna e pós-medial rosa brilhante, fêmea castanho-rosada ou fulvo amarelado brilhante; as manchas hialinas e oceladas geralmente maiores no macho (Suryanarayana e Srivastava 2005).

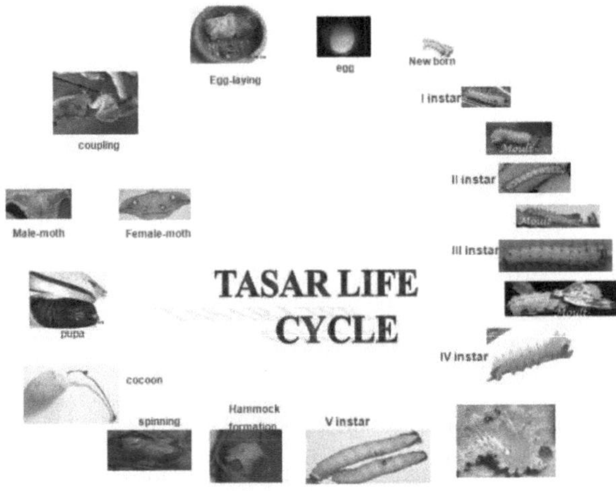

Fig: 1. ciclo de vida do bicho-da-seda Tasar, *Antheraea mylitta Drury* (Daba TV)

Fig: 2. A) Ovos B) Diferença entre ovos lavados e não lavados do bicho-da-seda
Tasar, *Antheraea mylitta* Drury (Daba TV)

1.1. HISTÓRIA DE VIDA DO BICHO-DA-SEDA TASAR *A. MYLITTA*

D. DABA TV

O bicho-da-seda tasar, *A. mylitta* D., Daba TV ecorace, é de natureza trivoltina, ou seja, três gerações por ano entre os meses de junho e dezembro, *isto é,* desde a monção até meados do inverno. Estas gerações são designadas por cultura de sementes, segunda e terceira ou cultura comercial. Cada geração tem 4 fases no seu ciclo de vida, *ou seja,* ovo, larva, pupa e traça adulta (Fig.1). Ao contrário da *Bombyx mori,* em que a fase de ovo está em diapausa, na *A. mylitta* as pupas de tasar alteram a terceira colheita (a meio do inverno) e permanecem em diapausa até ao início da monção (maio/junho).

1.2. OVO

Cada traça adulta pode pôr cerca de 200-300 ovos após a cópula. O ovo é oval, achatado dorsoventralmente e simétrico bilateralmente (Fig.2). Tem 3 mm de comprimento, 2,5 mm de diâmetro e cerca de 10 mg de peso. Duas linhas paralelas acastanhadas ao longo do plano equatorial dividem a superfície em três zonas. Tem um revestimento gomoso de mucónio que parece castanho no momento da oviposição e branco ou cremoso após a lavagem. Os ovos da primeira, segunda e terceira colheita não diferem muito nos seus caracteres morfológicos. A duração da fase de ovo é de nove a dez dias.

1.3. LARVA:

As larvas eclodem através da perfuração da casca do ovo nas primeiras horas da manhã. As larvas são do tipo eruciforme com segmentação bem definida. O abdómen contém dez segmentos e possui três pares de patas torácicas e cinco pares de pró-pernas, quatro das quais estão presentes nos segmentos 3 a 6 dos pés abdominais e uma no décimo segmento (pinças). O décimo segmento é modificado dorsalmente para formar uma aba anal que apresenta uma marca negra triangular. São tetra-mulheres e passam por cinco instares. As peças bucais são do tipo mordedor e mastigador (Fig.3).

1.3.1. PRIMEIRO INSTAR:

As larvas recém-nascidas são de cor amarela baça com cabeça preta (Fig.4). A cabeça é do tipo hipognata e apresenta uma sutura epicraniana bem desenvolvida com um par de antenas segmentadas. O seu comprimento é de 0,7 cm e pesa 7 a 8 mg. Após 36 a 48 horas, o corpo adquire gradualmente uma cor verde acastanhada. A cor verde mantém-se durante todo o período larvar. A larva de primeiro instar tem uma linha dorsal média e um par de linhas verticais em todos os segmentos de um a sete, mas o oitavo segmento tem apenas uma única linha oblíqua. Depois de se alimentar durante cerca de três a quatro dias, a larva entra na primeira muda e pára de se alimentar. Segura firmemente o ramo pelas pinças e levanta a cabeça. Alguns vermes jovens fiam um pouco de seda para unir as pinças ao ramo. Permanece imóvel durante cerca de 23 a 42 horas e transforma-se em larva de segundo instar.

1.3.2. SEGUNDO INSTAR:

O segundo instar é de cor amarelo claro esverdeado (Fig.5), mede 1,2 a 2,0 cm de comprimento e pesa 0,100gm a 0,140gm. Esta fase dura quatro a cinco dias, após os quais a larva sofre a segunda muda. O período da segunda muda varia de 24 a 45 horas. A linha dorsal média e as linhas verticais desaparecem na larva de segundo instar. A marca negra triangular da aba anal aparece em cada um dos clípeos no primeiro instar, que se torna em forma de V e de cor acastanhada a partir do segundo instar e até ao quinto instar.

Fig: 3. A) Três cores diferentes do bicho-da-seda de 4th instar Tasar, *Antheraea mylitta* Drury (Daba TV) B) Partes da boca

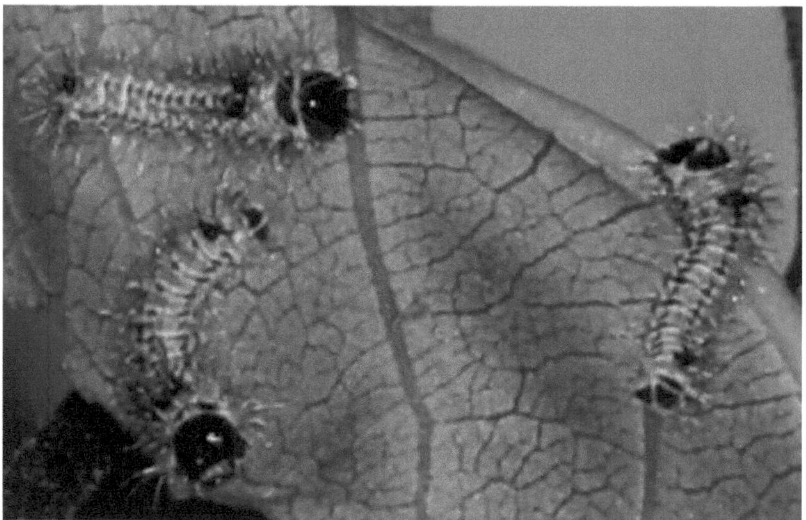

Fig: 4. 1st instar do bicho-da-seda Tasar de cabeça preta e cor castanha, *Antheraea mylitta* Drury (Daba TV)

Fig:5. Segundo ínstar do bicho-da-seda Tasar, *Antheraea mylitta* Drury
(Daba TV)

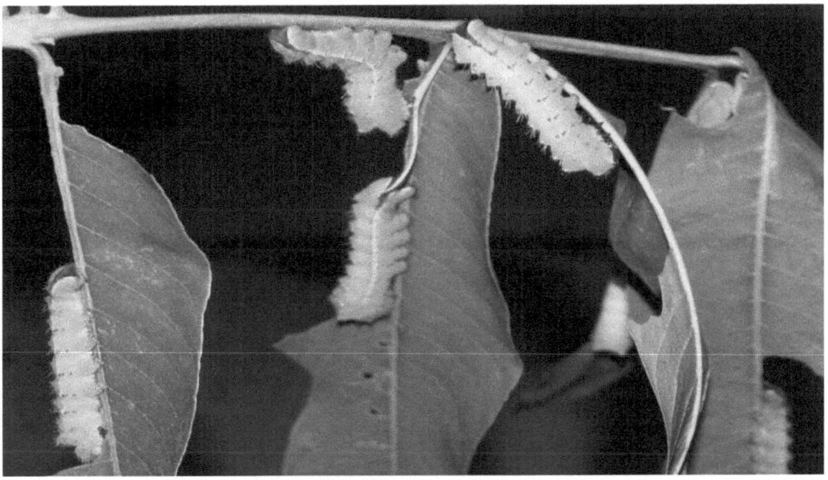

Fig: 6. Bicho-da-seda Tasar de terceiro ínstar, *Antheraea mylitta* Drury (Daba TV)
alimentando-se de folhas de T. a rjuna

31

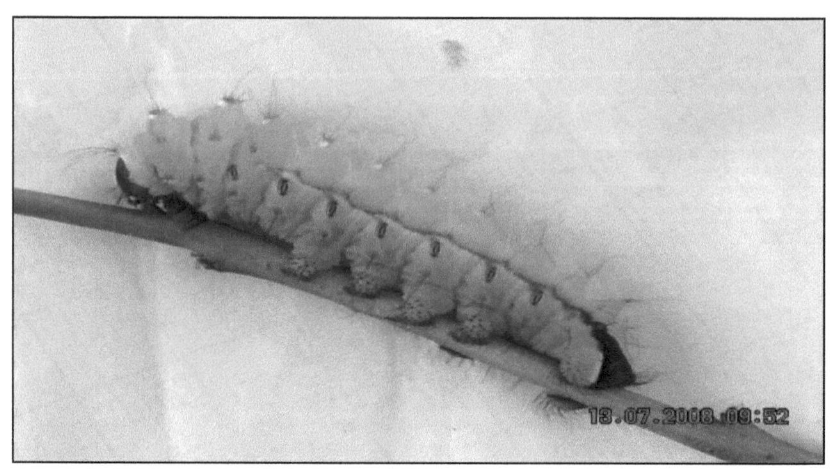

Fig: 7. Bicho-da-seda Tasar, *Antheraea myhtta* Drury (Daba TV)

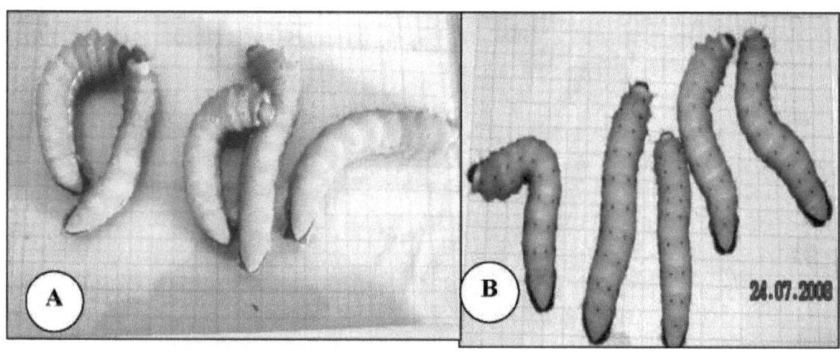

Fig: 8. Bicho-da-seda Tasar de quinto ínstar, A) Exterior, B) Interior *Antheraea mylitta* Drury (Daba TV)

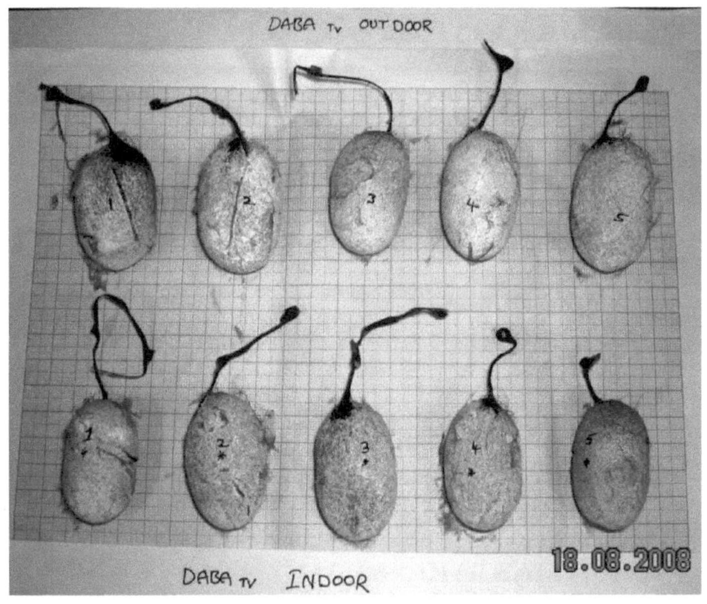

Fig. 9. Casulos criados no exterior e no interior mostrados no papel de gráfico *Antheraea mylitta* (Daba TV)

Fig. 10 Diferença entre a pupa fêmea de interior e de exterior

A) Pupa de interior de cor castanha clara

B) Pupa castanha escura exterior

1.3.3. TERCEIRO INSTAR:

De cor verde clara, mede de 2,3 a 3,2 cm de comprimento e pesa de 0,300 gr a 0,520 gr. No terceiro instar desenvolve-se uma linha lateral amarela do segundo ao décimo segmento abdominal (Fig. 6). Também possui uma linha ventral média vermelha clara em todo o comprimento do corpo. O terceiro estádio dura de quatro a sete dias e a larva entra na terceira muda, que varia de 24 a 78 horas.

1.3.4. QUARTO INSTAR:

Logo após a muda, a larva de quarto instar mede cerca de 3,8 a 4,5 cm de comprimento e pesa de 1,6 a 2,2 gramas. A superfície dorsal do corpo é verde azulada e a superfície ventral é verde clara (Fig. 7). A linha ventral média aparece no terceiro instar e continua no IV instar. O quarto instar dura cinco a oito dias. A duração da quarta muda varia de 25 a 92 horas.

1.3.5. QUINTO INSTAR:

Quando a larva entra no quinto instar, mede cerca de 6 a 6,5 cm de comprimento e 4,8 a 7,0gr de peso. A superfície ventral do corpo é de cor verde e a superfície dorsal é de cor verde clara ou verde azulada (Fig.8). A linha média ventral vermelha que se estende por todo o comprimento do abdómen aparece também no quinto instar. O quinto instar dura 10 a 12 dias. A larva completamente madura atinge um peso de 18 a 30 gramas.

Para além das marcas supramencionadas, estão presentes quatro tipos de tubérculos, *isto é,* tubérculos dorsais, tubérculos laterais superiores, tubérculos laterais, tubérculos laterais inferiores e manchas de escurecimento em ambos os lados do corpo durante o quinto instar. As bases dos tubérculos dorsais do primeiro ao oitavo segmento abdominal estão rodeadas de cerdas brancas pontiagudas, seis nos primeiros sete segmentos e quatro no oitavo segmento. As manchas brilhantes são pequenas e de cor branca prateada no terceiro instar e maiores nos IV e V instares. O número e a disposição destas manchas são variáveis nos diferentes instares e indivíduos.

1.4. CARVÃO:

Quando atinge a maturidade, a larva segrega um casulo duro à volta do seu corpo, depois de ter selecionado um local adequado na planta alimentar. O casulo duro é provido de um pedúnculo preto ou castanho e de um anel. A fiação do casulo é efectuada durante cinco dias. O peso do casulo varia entre 5 e 8 gramas para os machos e 7,5 e 9,5 gramas para as fêmeas. Os casulos são de cor branca, cinzenta ou amarela (Fig.9).

1.5. PUPA

No interior do casulo, a larva sofre uma muda final e passa por uma curta fase pré-pupal transitória em que ocorre a dissolução dos órgãos larvares seguida da formação dos órgãos adultos durante a fase de pupa. A segmentação do corpo é bem desenvolvida, sendo observados 10 segmentos no abdómen.

Os primeiros quatro segmentos são fixos e imóveis. O dimorfismo sexual é proeminente, incluindo o tamanho e a ponta do abdómen. A pupa feminina tem uma pequena linha longitudinal fina no oitavo e nono segmentos e um ponto no macho no nono segmento ventralmente. A pupa macho mede cerca de 3,4 x 3,6 x 2,3 cm e pesa cerca de 4,5 - 6,5 gms, enquanto a pupa fêmea mede cerca de 3,8 x 4 x 2,4cm e pesa cerca de 6,5 - 7,5gms. A fase de pupa dura cerca de 18 a 165 dias durante a não-diapausa e a diapausa, respetivamente (Fig. 10).

1.6. MOTH:

As traças emergem dos casulos às primeiras horas do dia e continuam até de manhã. A traça não se alimenta e morre em 7-8 dias. O corpo divide-se em cabeça, tórax e abdómen e está coberto por escamas densas. Os olhos compostos estão situados de cada lado da cabeça e ocupam a maior parte da cabeça. As traças apresentam um dimorfismo sexual distinto.

2. COMPORTAMENTO LARVAR
2.1. ALIMENTAÇÃO:

As larvas alimentam-se da margem para o centro das folhas, as larvas mais jovens descansam na margem da folha e as mais velhas fixam-se aos pecíolos ou mesmo a pequenos ramos com a ajuda de patas abdominais e pinças (Fig.11). Os primeiros instares apreciam as folhas tenras e os estádios avançados preferem as folhas maduras. A taxa de alimentação é menor antes e depois da muda, atingindo o seu pico entre estes dois períodos. Cada período de alimentação é seguido de um período de repouso durante o qual levanta a cabeça e contrai o corpo.

Fig. 11. O quarto instar do bicho-da-seda Tasar, *Antheraea mylitta* Drury (Daba TV) alimentando-se de folhas de T. arjuna ao ar livre.

Fig:12. O quarto instar do bicho-da-seda Tasar, *Antheraea mylitta* Drury (Daba TV) a) larva fora da muda b) larva em muda

2.2. MOULTING:

As larvas param de se alimentar imediatamente antes do início da muda e ficam imóveis. Agarram-se firmemente à parte sombreada da folha/galho. A parte anterior está suspensa obliquamente, o capuz protorácico está completamente esticado e a cabeça está dobrada ventralmente para dentro. Durante a ecdise, a antiga cápsula da cabeça é separada. As larvas recém-mudadas têm uma pele tenra e pálida. Comem uma pequena porção de pele e começam a alimentar-se ativamente (Jolly *et al.,* 1979). Os processos de crescimento e desenvolvimento nos insectos são pontuados pelo período de muda que envolve (i) Apólise - Separação da cutícula velha das células epidérmicas subjacentes e (ii) Ecdise - Desprendimento dos restos da cutícula velha. É auxiliada pela condição macia e flexível da sua nova cutícula. A muda refere-se a todos os eventos e processos que levam à queda da cutícula velha (Fig.12). Inclui várias actividades comportamentais, fisiológicas e bioquímicas e uma sequência caraterística de acontecimentos que ocorrem antes e depois da apólise.

2.3. TAXA DE CRESCIMENTO DAS LARVAS:

Têm uma taxa de crescimento notável (Narsimhanna *et al.,* 1969), o seu comprimento, largura e peso aumentam de 7 mm, 1 mm e 8 mg, respetivamente, no momento da eclosão para cerca de 13 cm, 2,1 cm e 50 g na maturidade.

2.4. FORMAÇÃO DE REDE:

Uma vez disponível um local adequado, a larva começa por formar um anel, descascando a casca num padrão circular à volta da periferia do ramo, que é geralmente um nó, e rasteja até formar uma rede (Fig. 13) sob a forma de cone ou taça, com uma abertura no topo, atando algumas folhas, por

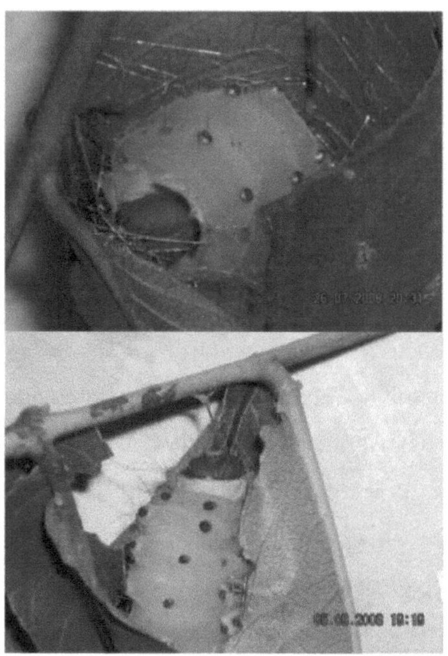

Fig: 13. Pedúnculo e formação de rede de larvas de quinto instar tardio do bicho-da-seda Tasar, *Antheraea mylitta* Drury (Daba TV)

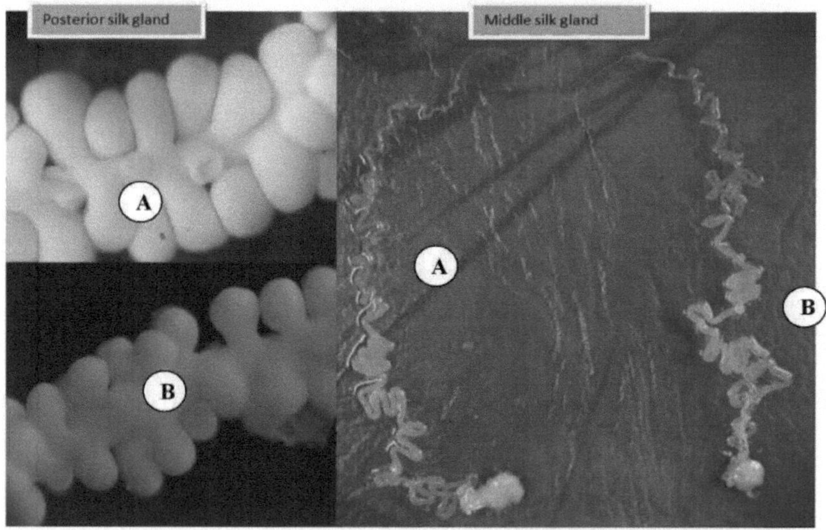

Fig: 13a Glândula da seda média e posterior do bicho-da-seda *Antheraea mylitta* Drury Daba TV *A)* Larva criada no exterior B) Larva criada no interior

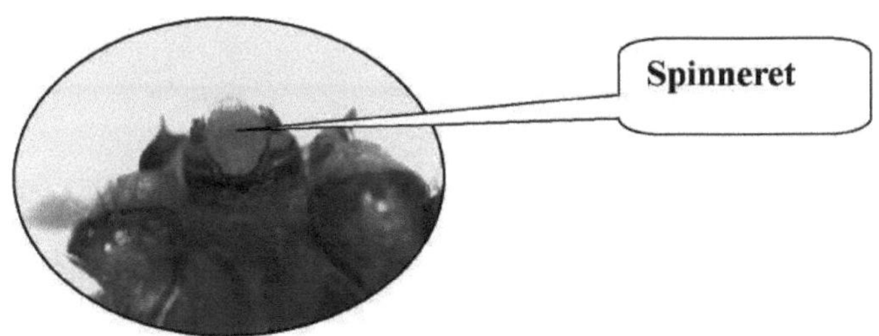

Fig: 13b Representação da fieira do bicho-da-seda *Antheraea mylitta* Drury Daba TV.

lançando alguns fios de seda. Após a formação do anel, a larva sai pela abertura no topo da rede e forma o pedúnculo através de movimentos de vai e vem do galho da árvore, embora uma fina camada de pequena porção de pedúnculo seja formada inicialmente durante a formação do anel. A larva começa então a fiar. Após a fiação, forma-se o casulo de seda. A larva do bicho-da-seda entra na fase pré-pupal, transformando-se depois em pupa. A duração da muda larva-pupa varia entre 4-5 dias na I cultura, 7-9 dias na II cultura e 15-18 dias na III cultura. Após a conclusão da fiação, a duração da pré-pupa nas culturas II e III é mais longa devido à baixa temperatura.

2.5. COCOONING:

A fase de alimentação das larvas termina com a evacuação do conteúdo intestinal e um breve repouso seguido da formação de uma rede. As glândulas de seda completamente desenvolvidas produzem a reserva de seda na glândula de seda média durante a fiação da seda ejaculada através da fieira (Fig. 13a, 13b). A formação do anel e do pedúnculo ocorre antes da fiação do casulo, que envolve completamente a larva (Fig. 14). A pupação ocorre após a descarga de uma substância leitosa.

Fig. 14: Cocooning após o quinto instar do bicho-da-seda tasar, *Antheraea mylitta* Drury (Daba TV) em condições exteriores

Fig: 15. Casulos da primeira colheita criados em interior na operação de granação numa gaiola de ferro e casulos criados no exterior na operação de granação sob a árvore *T. arjuna*.

3. GRAINAGE:

Durante o ano de 2009 e 2010 (junho-julho), cerca de 200-350 casulos de tasar de *A. mylitta* D.Daba TV ecorace, criados no interior e no exterior na Universidade de Kakatiya, Warangal, foram selecionados 100 casulos de sementes resistentes e compactos, de acordo com as normas padrão, tais como o peso, a cor e o tamanho dos casulos e o comprimento do pedúnculo.

Foi realizada uma avaliação por amostragem dos casulos selecionados, retirando 10% dos mesmos para obter o peso da pupa, o peso da casca e a proporção da casca. Para acomodar estes casulos, foram utilizadas gaiolas feitas de rede de arame (tamanho 2 x 2 x 2 pés) (Fig.15). Os casulos foram atados com os pedúnculos sob a forma de uma grinalda e pendurados na gaiola. Antes de conservar os casulos, as gaiolas foram cuidadosamente desinfectadas com 2% de formaldeído (Jolly *et al.*, 1974)

As pupas destes casulos estão em estado de diapausa. Dado que esta condição inclui períodos de repouso e de crescimento, é necessário manter uma humidade relativa e uma temperatura ambiente adequadas. De abril a maio, foram mantidos $42 \pm 2\%$ de humidade relativa e de temperatura ambiente. A alteração das condições pode levar ao início da metamorfose ou à mortalidade das pupas. Durante o período de crescimento (junho), a temperatura foi reduzida para $29 \pm 1{}^{0}C$ e a humidade relativa foi aumentada para $70 \pm 1\%$ a fim de facilitar a transformação pupa-adulto.

4. EMERGÊNCIA DA TRAÇA:

Quando a pupa se transforma em adulto, a traça segrega uma enzima proteolítica, que amolece a extremidade do pedúnculo do casulo, permitindo que a traça perfure facilmente o seu caminho para fora. $80 \pm 5\%$ de humidade relativa foi mantida no laboratório como as condições húmidas que ajudarão a porção anterior do casulo a permanecer húmida, permitindo uma fácil emergência. Mas em condições de seca, a parte húmida da extremidade do pedúnculo do casulo seca rapidamente e as traças morrem dentro do casulo.

A emergência das traças começa a meio da noite e prolonga-se até de manhã. Depois de emergirem dos casulos, as traças descansam durante algum tempo nas grinaldas, pois as suas asas estão dobradas e húmidas. Secam em 2-3 horas e esticam as asas. Primeiro emergem os machos e mais tarde as fêmeas (Fig.16). Dos 100 casulos selecionados, 20 emergiram de forma irregular e 78 emergiram durante o período regular de granação, incluindo 76 machos e

21 fêmeas e 3 não emergiram.

Fig. 16: Emergência de traça macho na granação em condições de criação em recinto fechado de *Antheraea mylitta* Drury (Daba TV)

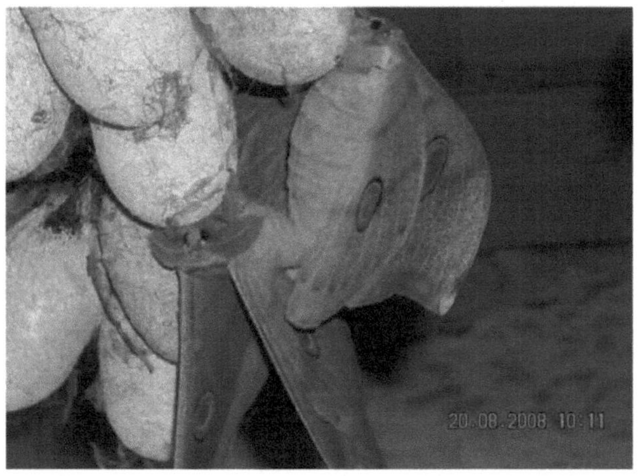

Fig: 17 O acoplamento de machos e fêmeas da traça-da-seda, *Antheraea mylitta* Drury (Daba TV), durante a operação de granação.

5. CASAMENTO:

Após a emergência, o acasalamento dá-se no espaço de 3 horas. Os machos são mais activos do que as fêmeas e efectuam voos curtos antes do acasalamento. Cinco pares tiveram um acasalamento natural e dez pares tiveram um acasalamento manual. As traças estiveram na fase de acasalamento durante cerca de oito horas (Fig.17).

Após o desacoplamento, o abdómen das traças fêmeas foi ligeiramente abanado para a descarga de urina. As asas das fêmeas foram encurtadas e colocadas individualmente em copos de barro (5 cm x 3,5 cm) para a postura dos ovos num quarto escuro. A maioria das fêmeas começou a pôr ovos imediatamente e continuou durante 4-5 dias. As traças depositaram 65% dos ovos no primeiro dia, 20% no segundo dia, 11% no terceiro dia e 7% no quarto dia. Os ovos foram recolhidos separadamente.

A fecundidade média durante a primeira época de granação foi de 125 e na segunda época de granação foi de 132.

6. EXAME DA TRAÇA PARA DETECÇÃO DE POSTURAS ISENTAS DE DOENÇAS:

Todos os anos, foram utilizadas 4 poedeiras isentas de doenças (Dfls), duas de cada vez, para os métodos de criação no exterior e no interior. Nos presentes estudos, inicialmente, os ovos foram trazidos do centro RTRS de Warangal e, nas culturas seguintes, as operações de granação foram efectuadas no laboratório. As dfls produzidas nas três culturas foram submetidas a um exame microscópico das traças. Após o período de cópula, as traças foram mantidas separadamente durante 3 a 4 dias para a postura de ovos. Em seguida, a traça fêmea foi examinada ao microscópio, cortando o seu abdómen, esmagando-o numa solução de formalina a 2% e KOH, espalhando 2 gotas numa lâmina limpa e seca, cobrindo-a e observando-a ao microscópio para detetar os agentes patogénicos da doença com uma ampliação de 600x. Se não forem observados parasitas patogénicos na lâmina, considera-se que as posturas estão isentas de doenças e as que apresentarem qualquer parasita patogénico (Fig.18), esses ovos de parasitas, são deitados fora e enterrados longe.

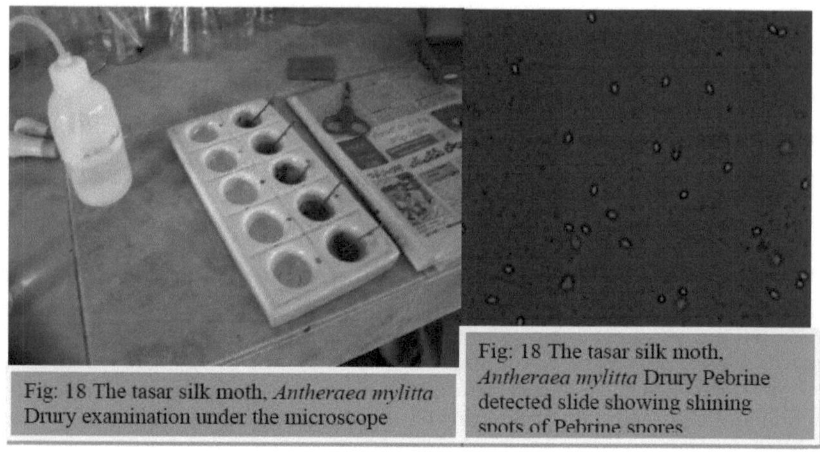

Fig: 18 The tasar silk moth, *Antheraea mylitta* Drury examination under the microscope

Fig: 18 The tasar silk moth, *Antheraea mylitta* Drury Pebrine detected slide showing shining spots of Pebrine spores

7. DESINFECÇÃO DOS OVOS :

O bicho-da-seda tasar come uma parte da casca do ovo durante a incubação. A esterilização da superfície dos ovos deve ser assegurada de forma a evitar a infeção por contaminação. As posturas isentas de doenças são lavadas com formalina a 5% durante cinco minutos, seguidas de uma lavagem em água corrente e depois secas à sombra.

8. INCUBAÇÃO DE OVOS:

Os ovos desinfectados são mantidos em camadas finas em caixas de ovos de plástico perfuradas com uma tampa transparente para permitir a entrada de luz e o arejamento. A temperatura ambiente de 25-30⁰ C e a humidade relativa de 70-80% são adequadas para uma incubação completa.

9. HATCHING:

Começa de manhã cedo e prolonga-se durante cinco dias. Pequenos galhos são colocados na caixa perfurada contendo vermes recém-eclodidos (Fig.19). Depois são atados aos arbustos de plantas selecionadas *de T. arjuna* para serem criados.

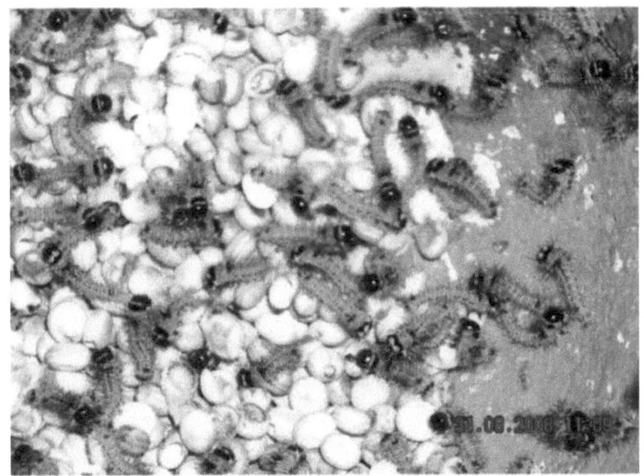

Fig 19 Eclosão dos ovos incubados de *Antheraea mylitta* Drury, Daba TV

Fig: 20. Escovagem de larvas jovens de *Antheraea mylitta* ao ar livre por Kattaiah numa planta de *Terminalia arjuna* com folhas tenras, antes da colocação da rede.

10. ESCOVAGEM:

A deslocação das larvas eclodidas para as folhas é feita manualmente com a ajuda de uma escova ou de uma pena, a que se chama escovagem (Fig.20). Os ovos incubados foram transferidos para bacias de plástico ou pratos de papel, nos quais se colocam pequenos ramos com folhas tenras de *T. arjuna*, sobre os quais as larvas recém-eclodidas rastejam e depois são atadas aos arbustos das plantas selecionadas.

11. INIMIGOS NATURAIS:

O ataque dos inimigos naturais (Fig.21) durante cada cultura foi avaliado selecionando um número fixo de larvas e observando a sua taxa de sobrevivência durante a primeira

ao quinto instar até à fase de casulo.

Fig. 21. Bicho-da-seda do Tasar, *Antheraea mylitta* **Drury (Daba TV) pragas e predadores A. Inseto fedorento, B. Vespa comum, C. Formigas vermelhas, D. Casulos danificados por pássaros E. Inseto vermelho, F. Louva-a-deus**

Quadro 2: Prevenção do problema das pragas e dos predadores através do método de criação em recinto fechado

Nome comum (nome científico)	Período de ocorrência	Caracteres morfológicos	Natureza dos danos
Parasitas Mosca Uzi *(Blepharipa zebina)*	setembro-dezembro	As moscas adultas são de cor cinzenta. Tamanho 12-14mm, Número de ovos postos por uma mosca fêmea é 250-300.	As moscas põem ovos no corpo das larvas; os ovos eclodem e as larvas jovens perfuram a pele até ao corpo das larvas, deixando uma cicatriz negra, e alimentam-

			se dos tecidos internos das larvas.
Mosca Ichneumon (*Xanthopim*)	julho-agosto. outubro-dezembro.	A mosca adulta é de cor amarela brilhante com várias faixas pretas e há uma mancha preta em cada esterno localizado dorso ventralmente. O comprimento do adulto é de cerca de 2 cm e o ovipositor da fêmea tem 1 cm de comprimento	A fêmea perfura o seu ovipositor no corpo da larva através da casca do casulo recém-formado e põe ovos . A eclosão consome os tecidos e cria no interior, metamorfoseia-se em mosca adulta e sai perfurando a casca do casulo.
Pragas e Predadores Inseto fedorento (*Canthecona furcellata*)	junho-janeiro	Trata-se de um inseto pentatomídeo. O inseto adulto é de cor acastanhada. O corpo é de cor acastanhada. O corpo é triangular. O adulto tem cerca de 15 mm de comprimento.	Tanto os jovens como os adultos sugam o sangue das larvas, provocando a sua morte.
Louva-a-deus (*Hirodula bipapilla*)	Ao longo do ano	O adulto é de cor verde e mede cerca de 5 a 8 cm de comprimento. Possui poderosas patas dianteiras de rapina em que a tíbia trabalha em oposição ao fémur como as lâminas de uma tesoura e ambas são parcialmente espinhosas.	Tanto a ninfa como o adulto comem as larvas.
Percevejo-vermelho (*Sycanus collaris*)	agosto-outubro	O inseto adulto é preto e tem cerca de 2,5 cm de comprimento. A cabeça é cónica e comprida e as	Tanto a ninfa como o adulto sugam a hemolinfa das larvas.

47

		peças bucais estão modificadas ao longo de uma probóscide proeminente que se encontra num sulco estriado entre as coxas da frente durante o repouso.	
Vespa comum (*Vespa oriantalis*)	julho-novembro	O abdómen apresenta bandas amarelas e castanhas escuras. Possui um cordão venenoso e antenas com clava. As asas estão dobradas longitudinalmente durante o repouso	Alimentam-se das larvas.

12. DOENÇAS:

A criação do bicho-da-seda tasar, tanto no exterior como no interior, foi afetada por várias doenças (Fig.22). A percentagem de perda devida a doenças virais, bacterianas, pebrinas e fúngicas foi registada e apresentada nos resultados para os bichos-da-seda de interior e de exterior. O bicho-da-seda Tasar é atacado por quatro doenças graves: virose, bacteriose, microsporidiose e micose. Estas doenças são responsáveis por 50-60% das perdas de colheitas.

12.1.VIROSE:

O vírus da poliedrose infecta as larvas, que se tornam pálidas e lentas, e as pernas perdem a aderência ao galho hospedeiro, exceto as pinças, com a ajuda das quais pendem a cabeça para baixo após a morte. A infeção provoca a desintegração completa dos tecidos. É causada pelo vírus dos corpos de inclusão poliédricos (PIB). O tegumento torna-se opaco e acastanhado e a pele torna-se frágil e negra. Os tecidos degenerados exsudam da boca sob a forma de um líquido acastanhado escuro que dá um odor desagradável.

12.2.BACTERIOSE:

Apresenta três sintomas típicos, *nomeadamente* a vedação dos lábios anais, a protrusão rectal e excreções em cadeia. Os lábios anais são fechados por excrementos semi-líquidos pegajosos e as larvas encolhem longitudinalmente. O reto sobressai do ânus e os excrementos saem em forma de cadeia juntamente com muco. Através de testes, foram encontrados *Streptococcus* gram-negativos e *Bacilli* gram-positivos nas larvas infectadas. As doenças são transmitidas através de aberturas orais. Verificou-se que a baixa temperatura e a humidade relativa são propícias ao desenvolvimento e à propagação da bacteriose.

12.3.MICROSPORIDIOSE:

É causada pelo protozoário *Nosema milittensis*. Nas larvas infectadas, as manchas negras aparecem por todo o corpo (Fig. 23). As larvas infectadas são tão afectadas que a sua muda é irregular e o seu crescimento fica comprometido. A doença é transmitida tanto por via transovariana como por via peroral.

12.4. MYCOSIS:

É causada por um fungo. As larvas infectadas tornam-se lateralmente comprimidas, secas e mumificadas. Estão cobertas de esporos redondos esverdeados de *Penicillium citriinum*. O corpo da larva torna-se duro e dobra-se dorsalmente. O corpo fica coberto de esporos brancos pulverulentos do fungo e fica comprimido lateralmente, seco, duro e mumificado.

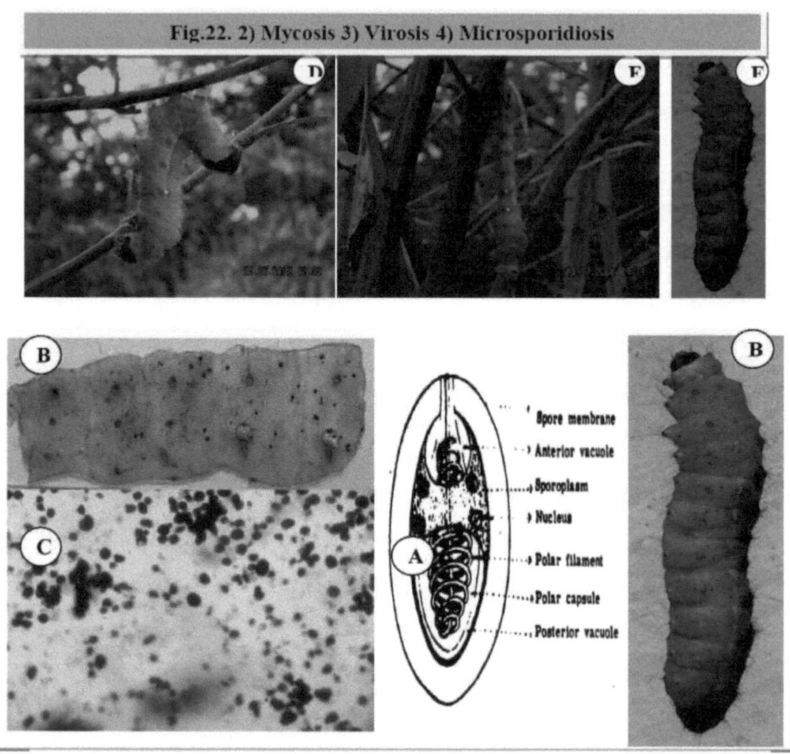

Fig: 23. A) diagrama esquemático dos esporos de Pebrine, B) pele com manchas pretas, C) grãos semelhantes a pimenta na hemolinfa da pupa

Fig: 24. Plantas alimentares de Tasar *(Terminalia arjuna)* podadas para obter uma boa folhagem para as próximas colheitas, ao ar livre, perto da Unidade de Sericultura, Universidade de Kakatiya, distrito de Warangal, Andhra Pradesh

13. PODA:

Depois de cada terceira colheita de bichos-da-seda, as plantas alimentares do tasar são podadas a dois pés de altura do chão (Fig.24), de forma a que, com a chegada da primeira colheita, os ramos frescos sejam em maior número e estejam prontos para os bichos. Isto assegura uma folhagem uniforme e folhas saudáveis para as plantas e um crescimento uniforme para as minhocas. Também resultou numa melhoria do rendimento.

14. MÉTODO DE CRIAÇÃO AO AR LIVRE:

Na criação ao ar livre, a qualidade dos casulos depende da escolha do local de criação e das plantas alimentares, da escovagem, da supervisão e da manutenção das larvas e de outras operações de criação (Fig.25). Se alguma destas operações for infecciosa, o rendimento será seriamente afetado. O ataque de predadores, através da adoção de medidas adequadas de desinfeção, deve evitar o aparecimento de doenças nos campos.

Fig: 25. A) O assistente de campo Kattaiah. B) Planta alimentar selecionada (T. arjuna) apanhada com rede.

14.1.SELECÇÃO DO LOCAL DE CRIAÇÃO E DA PLANTAÇÃO:

O local de criação utilizado aqui é o tipo de plantação de *Terminalia arjuna* cultivada na unidade de Sericultura da Universidade de Kakatiya. As práticas de cultivo, como a monda, a irrigação, a adubação e o cultivo intercalar, foram efectuadas atempadamente. Teve-se o cuidado de selecionar as plantas alimentares que não estivessem à sombra e que fossem baixas, uma vez que a humidade elevada afecta negativamente as larvas. As plantas de tamanho

51

médio com boa folhagem são selecionadas para fins de criação.

O local de criação é limpo de ervas daninhas para evitar pragas. As plantas selecionadas são libertadas de insectos e de folhas indesejadas e a zona debaixo das plantas é limpa de ninhos. A base do tronco deve ser rodeada com uma fina faixa de gammaxene para evitar o ataque de formigas, etc. Os utensílios de criação, como cestos, escovas, pás, *etc.,* são mantidos à mão.

14.2.CONTROLO E MANUTENÇÃO DAS LARVAS:

A criação ao ar livre exige uma vigilância permanente contra as pragas e os predadores. O manuseamento direto e frequente das larvas causa-lhes lesões e contamina a população. As larvas que apresentavam sintomas de doenças eram criadas separadamente. As mãos dos trabalhadores devem ser devidamente desinfectadas. As larvas mortas eram recolhidas diariamente, de manhã, do campo de criação e enterradas; as larvas doentes eram submetidas a exames microscópicos para identificar as doenças. Depois de consumirem a folhagem de uma planta, foram transferidas para outra planta com boa folhagem.

15. INSTALAÇÃO DE CRIAÇÃO EM RECINTO FECHADO:

O equipamento de criação utilizado na "criação em recinto fechado" do bicho-da-seda *A. mylitta* D. Daba TV, nos presentes estudos, é simples e as ferramentas utilizadas estão facilmente disponíveis para os agricultores que são os primeiros beneficiários deste estudo (Fig.26).

Fig: 26 Indoor rearing set-up containing a) mud-pots, b) Vetifera curtains, c) tables, d) bamboo stick stands and e) inserted twigs of *Terminalia arjuna*.

15.1.TABELA

A mesa é utilizada como base para o conjunto de criação e fornece proteção contra as formigas vermelhas, colocando poços de formigas cheios de água debaixo das suas pernas. Também é útil para recolher os granulados feacais e proporcionar espaço durante a alimentação e a limpeza da cama. No presente estudo, foram utilizadas mesas de criação com cerca de 48 cm de comprimento, 29 cm de largura e 31,5 cm de altura (Fig.27).

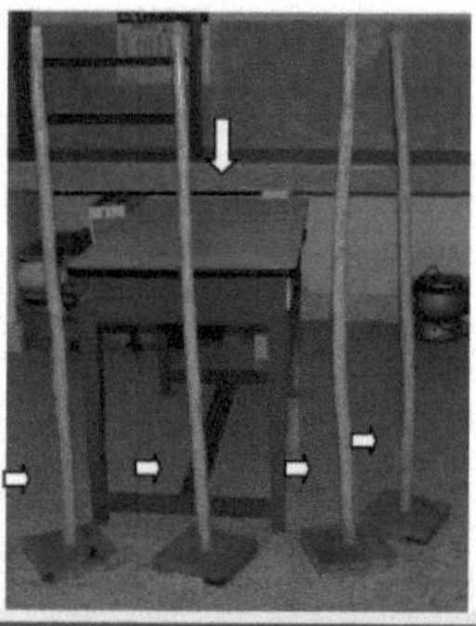

Fig: 27. Bamboo stands and table for the arrangement for indoor rearing set-up.

15.2.POTES DE TERRA

A instalação de criação em interior consiste em recipientes de água, como frascos cónicos ou vasos de barro, que podem assegurar o fornecimento contínuo de água aos ramos de *Terminalia arjuna* (Fig. 26). Nos presentes estudos são preferidos os vasos de barro, uma vez que ajudam a manter a humidade através da evaporação constante da água no ambiente de cultivo.

15.3. PLUGS DE ALGODÃO:

Os pescoços dos vasos de barro foram tapados com algodão para evitar a queda das minhocas jovens que, frequentemente, rastejam nos ramos à procura de comida. A fim de evitar qualquer ataque de bactérias nas folhas dobradas molhadas, que conduzem a outras infecções, e também para manter um ambiente limpo, foram usados tampões de algodão. Não só protege as larvas de se afogarem como também melhora a humidade devido à evaporação da água.

15.4. PAPEL DE PARAFINA:

É utilizada uma folha de papel ou de parafina sobre a mesa para recolher as fezes e manter a limpeza e uma atmosfera saudável na instalação de criação. As folhas de parafina eram substituídas regularmente.

15.5. BAMBOO STANDS:

Foram usados suportes feitos com varas de bambu de 53,5 cm de comprimento, fixadas a uma base de madeira forte de 8cm X 8cm X 1,8 cm. Os quatro suportes foram dispostos à volta da mesa de criação e ligados uns aos outros horizontalmente por quatro outras varas de 50-60 cm (Fig.27).

15.6. CORTINAS *VETIFERA*:

Durante a criação, as minhocas jovens necessitam de uma humidade relativa elevada de 7580%. Para atingir o nível de humidade exigido, é necessária uma evaporação constante da água. Os sacos de artilharia ou as cortinas *Vetifera* retêm a água durante mais tempo e asseguram o nível de humidade no ambiente devido à evaporação lenta da água. As cortinas *Vetifera* foram atadas nos quatro lados para permitir a aspersão de água e manter a humidade na instalação de criação (Fig.26).

15.7. DESINFECÇÃO:

Os formigueiros são utilizados para evitar que as formigas rastejem. Estes são mantidos debaixo das quatro pernas da mesa e todos os formigueiros são enchidos com água. O pó branqueador ou um pano mergulhado em querosene são utilizados como desinfectantes e mantidos à volta das pernas da mesa para impedir a entrada de insectos rastejantes.

15.8. CONDIÇÕES DO RECINTO DE CRIAÇÃO:

A sala é mantida sempre limpa e é assegurada uma ventilação adequada. A temperatura e a humidade relativa são de 25-30°C e 60-70%, respetivamente. A temperatura e a humidade relativa foram registadas com a ajuda de um termómetro e de um higrómetro de laboratório, respetivamente. A média dos valores mais baixos e mais altos foi registada e anotada por instar.

15.9. SELECÇÃO DE RAMOS:

As plantas alimentares de *A. mylitta* D. variam umas das outras em termos de composição química. Entre as plantas alimentares primárias, *a Terminalia arjuna e a Terminalia tomentosa* são ricas em humidade, azoto, proteínas, minerais, açúcar, etc. (Fig.28). Por conseguinte, a criação é efectuada em plantações de T. *arjuna* e são preferidos galhos saudáveis selecionados para a criação em recinto fechado (Basker, 2006)

As larvas jovens preferem folhas tenras e suculentas; por conseguinte, os ramos novos das plantas podadas, de igual tamanho (um pé), são cortados com uma seccionadora. Do mesmo modo, os vermes de instar tardio preferem ramos com folhas maduras.

15.10. ESCOVAGEM:

A escovagem é efectuada de acordo com a técnica aperfeiçoada de utilizar apenas um dia de eclosão para evitar a sobrelotação. As larvas recém-eclodidas não são manuseadas frequentemente e mantém-se sempre à mão uma escova desinfectada. Mantêm-se pequenos ramos na caixa perfurada, onde as larvas recém-eclodidas rastejam para cima deles. Estes ramos são inseridos em vasos de barro para a criação no interior.

15.11. MÉTODO DE CRIAÇÃO:

No presente estudo, a criação foi efectuada simultaneamente em condições de exterior e de interior, em lotes separados. As minhocas de exterior foram cultivadas nas árvores *de T. arjuna* podadas e com rede, enquanto que as minhocas de interior foram cultivadas dentro da instalação de criação, mudando as folhas, duas vezes por dia (Fig. 29).

15.11.1. CRIAÇÃO DE CHAWKI:

As minhocas jovens até ao 3rd instar necessitam de uma humidade elevada de 75%-80% e de uma temperatura baixa de 25^0 C - 28^0 C, e, para satisfazer os níveis de exigência, borrifar água no saco Gunny ou nas cortinas *vetifera*; podem também ser utilizados refrigeradores e humidificadores para fornecer a humidade necessária.

15.11.2. CRIAÇÃO EM IDADE TARDIA:

O crescimento das larvas do bicho-da-seda Tasar é muito elevado no quarto e quinto instares; alimentam-se vorazmente e preferem folhas maduras. Os vermes de idade avançada necessitam de temperaturas elevadas de 30-32^0 C e de uma humidade baixa de 45%-60% para sobreviverem melhor.

Os vermes do último instar aumentam de tamanho e de peso, de forma que é necessário diminuir o número de vermes por vaso de barro para, aproximadamente, 25-30. Durante o quarto e quinto instares, a mudança de folhas frescas foi feita duas vezes por dia.

As minhocas que apresentavam sintomas de doenças (virais, bacterianas, fúngicas, *etc.),* atraso no crescimento e muda irregular foram separadas do lote de criação. As minhocas mortas e doentes foram enterradas longe da sala de criação. Este processo é repetido até à colheita dos casulos. A percentagem do rendimento da cultura é calculada e apresentada nos resultados.

16. MOULTING:

Durante a muda, tomou-se o cuidado de não perturbar o arranjo. Quando os vermes saem da muda, os ramos são mudados. A maior parte das minhocas mudaram de muda no mesmo dia, mas algumas minhocas atrasaram-se no seu período de muda. Estas foram recolhidas e colocadas num tabuleiro separado até que o seu período de muda estivesse concluído e, mais tarde, foram transferidas para a instalação de criação.

17. MORTALIDADE:

A mortalidade foi contada como o número de minhocas mortas e doentes que foram retiradas do lote de criação. As minhocas que estavam vivas mas que não mostravam qualquer sinal de comportamento normal, como alimentação, locomoção, defecação ou sinais de doenças bacterianas e virais, foram contadas como mortas e foram retiradas do tabuleiro de criação e enterradas longe da sala de criação, durante a criação em recinto fechado. No caso da criação ao ar livre, para além das minhocas doentes, as minhocas perdidas devido a pragas e predadores também foram consideradas como mortalidade. O número total destas minhocas foi registado todos os dias por instar. A percentagem de mortalidade também foi contada para a criação no exterior e no interior e apresentada nos resultados.

18. PARÂMETROS FÍSICOS.

(Comprimento e peso das larvas e cor, tamanho e forma dos casulos)

No início de cada instar, foram selecionadas aleatoriamente 10 minhocas saudáveis do lote de criação de minhocas de interior e exterior, que se alimentam das plantas *de Terminalia arjuna*, para medição do comprimento e do peso. Estes parâmetros são medidos imediatamente após a eclosão para o primeiro instar e imediatamente antes da muda para o segundo e terceiro instares e diariamente para o quarto e quinto instares. Os chamados pesos húmidos são medidos para as minhocas de quinto instar. Os pesos das larvas foram medidos numa balança eletrónica da Shimadzu. A diferença percentual entre os pesos húmido e seco foi calculada para três culturas.

O comprimento das larvas foi medido em cms, utilizando um papel quadriculado. A cor e a forma dos casulos, quer sejam amarelos, cinzentos ou brancos ou de forma oval/elíptica, são anotadas.

19. ESTUDOS SOBRE OS CARACTERES DO CASULO, PÓS-CASULO E PEDÚNCULO

O presente estudo consiste na avaliação comparativa de certos caracteres físicos e morfológicos de casulos do bicho-da-seda Tasar, *A. mylitta*. D., Daba TV ecorace criados em condições de exterior e interior, criados em três culturas.

20. ENROLAMENTO DE CASULOS DE TASAR:

T O enrolamento dos casulos resulta na obtenção de seda crua. Os casulos de tasar são muito duros e não amolecem apesar de uma fervura prolongada em água. Esta dureza invulgar dos casulos torna-os pouco fiáveis, provocando um menor rendimento e uma qualidade inferior da seda. Uma técnica melhorada foi desenvolvida por Moon *et al.,* (1996), de acordo com a qual os casulos são primeiro fervidos durante 5-10 minutos em solução de 1% de soda e 1% de sabão e depois vaporizados durante uma hora a 15 lbs, seguidos de imersão durante a noite em 0,2 a 0,5% de solução de D.A.P., inicialmente a 45-47°C e depois deixados à temperatura ambiente. Akai *et al.,* (1991) usaram Bipril-50; os casulos, que são, embebidos e depois semi-secos, espalhados em leito de cinzas e usados para enrolar em bacia seca. Foram estudados os seguintes parâmetros pós-casulo.

20.1.1. Peso da seda enrolada.

20.1.2. Fiabilidade.

20.1.3. Negador.

20.1.4. Comprimento do filamento.

20.1.5. Taxa efectiva de criação

20.1.6. Rácio da casca.

O comprimento e a largura do casulo são medidos com um compasso de calibre Venier e a espessura da casca, a espessura do pedúnculo e o tamanho do anel são medidos com um calibre de parafuso.

20.1.1. PESO DA SEDA ENROLADA

O peso da seda enrolada foi medido com uma balança digital eletrónica da Shimadzu (modelo n.º: TX323L) em gramas.

20.1.2. REELEGIBILIDADE:

A capacidade de enrolamento dos casulos para a bobinagem económica é a facilidade com que os casulos rendem a bave na bobinagem, o que se designa por capacidade de enrolamento dos casulos. Este valor é calculado pela seguinte fórmula:

$$\text{Reelability} = \frac{\text{Weight of the silk reeled}}{\text{Weight of the cocoon}} \times 100$$

20.1.3. DENIER:

A diferença de espessura do tamanho da bave do início ao fim é tão gradual e diminuta no casulo de tasar que não interfere com a qualidade do tamanho da seda crua definitiva enrolada. O denier é obtido pela fórmula seguinte:

$$\text{Denier} = \frac{\text{Weight of the silk reeled}}{\text{Length of the silk reeled}} \times 9000$$

20.1.4. COMPRIMENTO DO FILAMENTO:

O comprimento do filamento foi medido com a ajuda de um compasso de casulo. Tem um eixo em torno do qual foram dispostos quatro paus de madeira a igual distância com uma circunferência de 9/8 metros. É rodado com a ajuda de uma pega numa das extremidades. Na outra extremidade do eixo encontra-se uma campainha através da qual se conhece o número de rotações. O número de rotações multiplicado pela circunferência dá o comprimento do filamento.

Comprimento do filamento = 9/8 met X Nº de rotações

20.1.5. TAXA EFECTIVA DE CRIAÇÃO:

$$\text{ERR by Weight} = \frac{\text{Weight of total number of cocoons produced}}{\text{Total number of larvae brushed}} \times 100$$

$$\text{ERR by Number} = \frac{\text{Total number of cocoons produced}}{\text{Total number of larvae brushed}} \times 100$$

20.1.6. RELAÇÃO DE CASCO:

O rácio de casca é calculado pela seguinte fórmula

$$\text{Shell ratio} = \frac{\text{Shell Weight}}{\text{Cocoon Weight}} \times 100$$

20.2. COMPRIMENTO DA CASCA DO CASULO E DO PEDÚNCULO

O comprimento da casca do casulo e do pedúnculo foi medido com um compasso de calibre vernier.

PAQUÍMETROS VERNIER

O comprimento da casca do casulo foi calculado excluindo o pedúnculo. É utilizado para determinar o comprimento e a largura da casca. Começou-se por determinar a menor contagem dos calibres de Vénier; o comprimento da divisão N da escala de Vénier é igual a (n-1) divisão da escala principal. A contagem mínima foi medida como a diferença entre uma leitura da escala principal e uma leitura da escala vernier. Esta foi a menor contagem do instrumento.

$$\text{Menos contagem} = 1M.\ S.D - 1V.S.D$$

Em seguida, os casulos e os pedúnculos foram agarrados suavemente entre as mandíbulas. Anotou-se a leitura da escala principal imediatamente antes do zero do vernier, o que se designa por leitura da escala principal (MSR). Anotou-se o número de divisões (n) do nónio que coincidem com qualquer uma das divisões da escala principal. A isto chama-se Coincidência do Vernier. A coincidência do vernier foi multiplicada pela contagem mínima para obter a fração de uma divisão da escala principal. Esta fração foi adicionada à divisão da escala principal para obter o comprimento e a largura do casulo e o diâmetro do anel do pedúnculo.

$$\text{Comprimento total} = \text{Leitura da escala principal} + \text{Coincidência do Vernier} \times \text{contagem mínima.}$$

20.3. ESPESSURA DA CASCA DO CASULO E DO PEDÚNCULO.

A espessura da casca do casulo e do pedúnculo foi efectuada utilizando o calibre de parafuso.

CALIBRADOR DE PARAFUSOS

Este medidor é utilizado para medir a espessura da casca do casulo e a espessura do pedúnculo. A contagem mínima do parafuso de medição baseia-se, em primeiro lugar, no número de rotações da escala da cabeça (a rotação completa é designada por passo do parafuso). Esta é a contagem mínima do parafuso.

$$\text{Least count} = \frac{\text{Pitch of the screw}}{\text{No of divisions on the head scale}}$$

O casulo foi cortado em pequenos pedaços para medir a sua espessura. Uma parte do pedúnculo foi mantida entre a ponta do parafuso e o pino foi fixado. O valor da divisão da altura na escala de inclinação foi considerado como leitura da escala de inclinação. O número de divisões da escala da cabeça que coincide com a linha de índice foi considerado como leitura da escala da cabeça. Este valor foi multiplicado pela contagem mínima e obteve-se as fracções da leitura da escala de passo para obter a largura total do material colocado.

Largura= Leitura da escala de altura = Leitura da escala de cabeça x Mínima contagem.

20.4.PESO DA CASCA DO CASULO E DO PEDÚNCULO

No final de cada colheita de casulos de boa qualidade (forma e tamanho), criados no exterior e no interior, foram recolhidos para efetuar as medições dos mesmos. Os parâmetros de peso foram medidos em balança eletrónica.

BALANÇA ELECTRÓNICA

O peso dos casulos, o peso das cascas dos casulos, o peso da seda enrolada e o peso do pedúnculo foram medidos numa balança eletrónica da Shimadzu (modelo n.º: TX323L).

20.4.1. OBSERVAÇÃO MICROSCÓPICA DA SUPERFÍCIE VISTA DA CASCA DO CASULO E DO FILAMENTO:

Para o estudo microscópico da casca do casulo, foi preparada uma lâmina para o efeito e observada ao microscópio, sendo as observações mencionadas nos resultados. A preparação da lâmina foi feita no laboratório. Primeiro, os casulos foram cozinhados durante cerca de 2 horas com uma solução de soda a 1%, depois foram mergulhados em água fria e adicionou-se peróxido de hidrogénio para reforçar o filamento do casulo, depois foi cortado com uma tesoura e colocado na lâmina, esticado e colado com fita adesiva e observado ao microscópio de luz tri-ocular Olympus (modelo CX 21) com uma ampliação de 10X (Fig. 30 e 35).

21. RECOLHA DE MATERIAL:

Durante o período de criação de três colheitas de três anos (2008-2010) foram recolhidos materiais para os estudos bioquímicos, enzimáticos e hormonais. No primeiro ano, os vermes do quarto e quinto instares tardios do bicho-da-seda tasar, *A. mylitta* D., foram dissecados para recolher a hemolinfa, o corpo adiposo e a glândula da seda para a estimativa de trealose, proteínas e lípidos (Fig. 31). No segundo ano, para os estudos enzimáticos, o suco digestivo foi recolhido do homogenato do intestino médio do bicho-da-seda *A. mylitta* D. No último ano, apenas a hemolinfa foi recolhida dos bichos-da-seda de quinto instar tardio para a extração de hormonas. As amostras de bichos-da-seda recolhidas em condições de frio utilizaram solução salina de insectos e feniltioureia para evitar danos no material e melanose da hemolinfa, respetivamente. O material do bicho-da-seda recolhido foi armazenado a -20^0 C até à sua utilização.

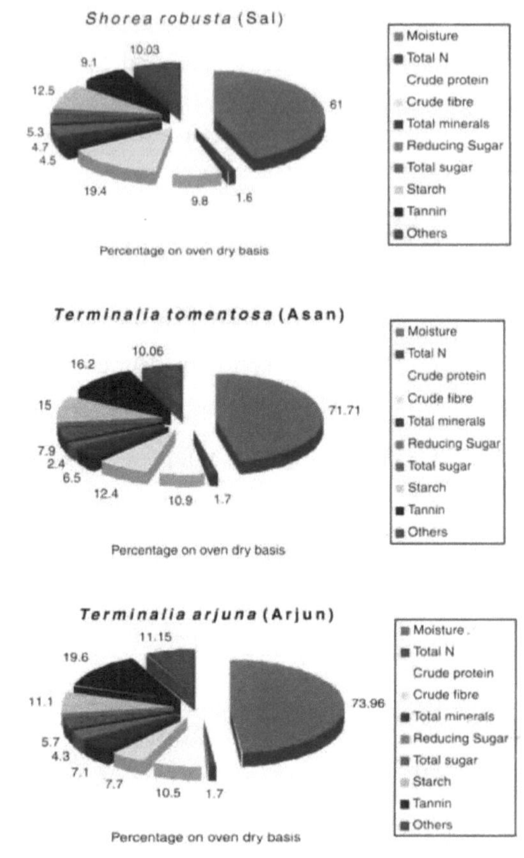

Fig.28. Composição dos conteúdos bioquímicos das plantas alimentares primárias do bicho-da-seda *Antheraea mylitta* Drury Daba TV (Basker 2006) bhas

Fig: 29 Produção total de casulos de tabuleiro na criação em interior do bicho-da-seda *Antheraea mylitta* Drury Daba TV .

Fig.30. Comparação da camada exterior da casca do casulo do bicho-da-seda *Antheraea mylitta* Drury, Daba TV criado no exterior e no interior.

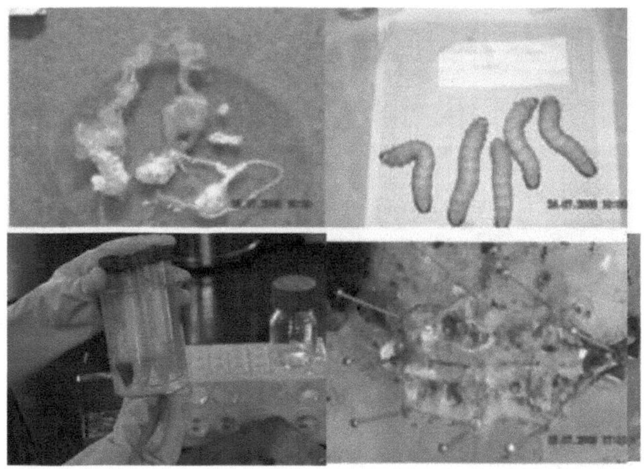

Fig.31. Recolha de hemolinfa, corpo gordo, glândula da seda e suco digestivo do bicho-da-seda *Antheraea mylitta* Drury (Daba TV) de quinto instar

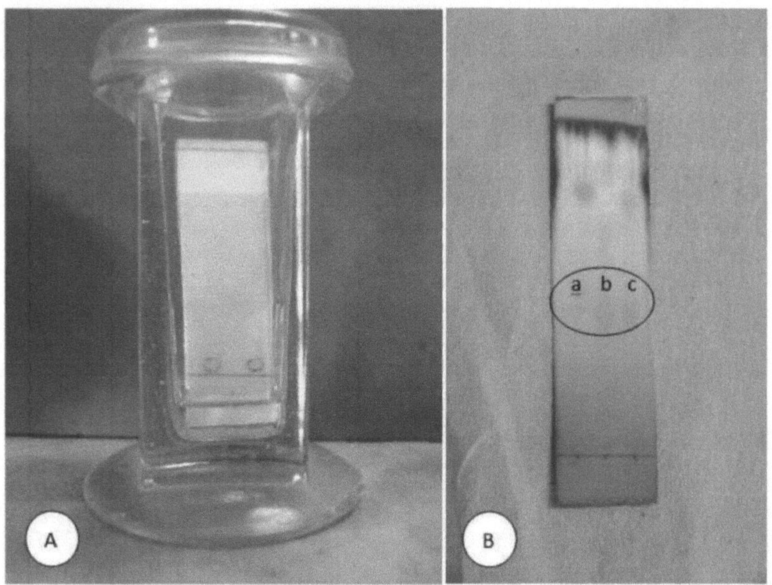

Fig. 32 A) Câmara de TLC com placa B) Dedução TLC de ecdysone com cor verde com amostras contra padrão a) Exterior b) Padrão c) Interior

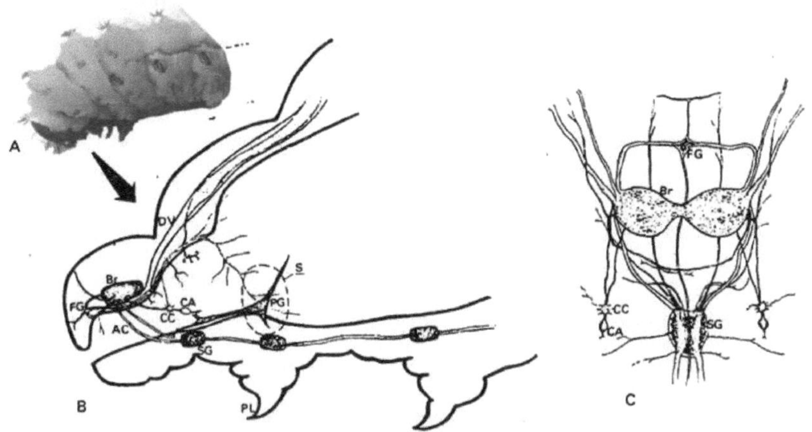

Figure 11: Location of the central nervous system
A. Silkworm larva; **B.** Enlarged side view of the head and thorax; **C.** Dorsal view of the central nervous system; **Br.** Brain; **SG.** Suboesophageal ganglion; **CA.** Corpus allatum; **PG.** Prothoracic gland; **S.** 1st Spiracle; **DV.** Dorsal vessel; **PL.** First thoracic leg; **FG.** Frontal ganglion; **CC.** Corpus cardiacum

Fig 33: Diagrama esquemático do sistema nervoso do bicho-da-seda Tasar (Morohoshi, 2000)

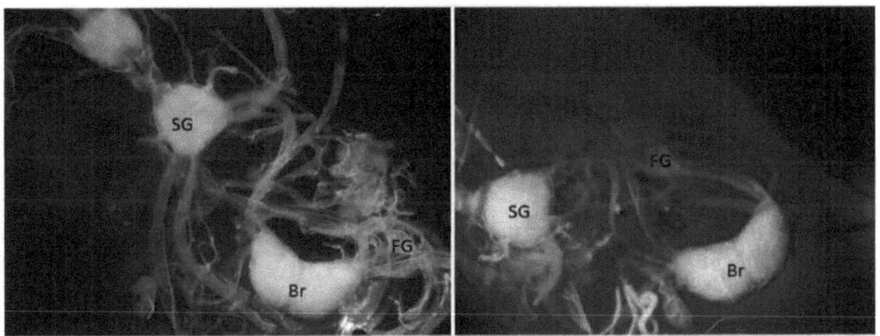

Fig. 34: Cérebro do bicho-da-seda *Antheraea mylitta* Drury (Daba TV)

A) Exterior B) Interior: Br. Cérebro: SG: Gânglio subesofágico FG: Gânglio frontal

22. ESTIMATIVAS BIOQUÍMICAS:

22.1.ESTIMATIVA DA TREALOSE:

Mokrash (1954)

50 a 100 mg de tecido homogeneizado em 3 ml de água bidestilada gelada.

Centrifugar durante 15 minutos a 3000 RPM. Deixar arrefecer durante alguns minutos, retirar 1 ml do sobrenadante e adicionar lentamente 5 ml de antrona (2 g dissolvidos em 1 litro de $H_2 SO_4$ gelado). Deixar arrefecer durante 5 minutos sem agitar. Colocar imediatamente num banho de gelo, agitando. A solução padrão, utilizando uma solução de trealose a 0,01% (dissolvida em água destilada) com 5 ml de antrona, é administrada simultaneamente. Colocar todos os tubos de ensaio num banho de água quente a 80° C (± 50) durante 25 minutos (a esta temperatura, os outros açúcares não interferem na reação com o reagente de antrona). Arrefecer imediatamente os tubos de ensaio em água gelada. A cor verde-azulada devolvida foi lida a 620nm, em relação à solução em branco. O teor de trealose foi expresso em microgramas/ml /100mg de tecido

22.2.ESTIMATIVA DO TEOR DE PROTEÍNAS:

Método Lowry (1951),

Neste método, a cor azul desenvolve-se como resultado da reação das ligações peptídicas da proteína com cobre cúprico em condições alcalinas e da redução do ácido fosfomolíbdico pelos resíduos de tirosina e triptofano (aminoácidos aromáticos) da proteína. Foram homogeneizados 50 a 100 mg de tecido em 3 ml de água destilada fria. As proteínas foram precipitadas por adição de 3 ml de TCA a 10% e o precipitado foi recolhido por centrifugação da amostra a 3000 RPM durante 15 minutos. Deitar fora o sobrenadante As proteínas precipitadas foram dissolvidas em 10 ml de solução de NaOH 0,1 N.

Centrifugar a 3000 RPM durante 15 min. Transferir 0,1 ml do sobrenadante para um tubo de ensaio limpo e seco. Adicionar 4 ml de reagente alcalino $CuSO_4$. Após 10 minutos, adicionar 0,4 ml de reagente comercial de folina diluído (diluição 1:1). Deixar o conteúdo repousar durante 30 minutos à temperatura ambiente. A albumina de soro bovino foi utilizada como padrão. Foi preparado um branco com NaOH 0,1 N, 4 ml de reagente alcalino $CuSO_4$ e 0,4 ml de reagente comercial de folina diluído. Após 30 minutos, o O. D.

da cor azul desenvolveu-se a 540 nm. O teor total de proteínas foi expresso em microgramas/ml/100mg de peso húmido de tecido.

22.2.1. Separação SDS PAGE de proteínas da hemolinfa

A separação das proteínas da hemolinfa foi efectuada pelo método SDS-PAGE de Laemmli (1970) com algumas modificações (Barsagde, 1998)

O gel de empilhamento de 1 mm a 3% (pH 6,8) foi seguido por um gel de separação de 10 ml a 10% (pH 6,8) com 1% de SDS. 50 µl de sobrenadante claro foram misturados com 50 µl de tampão de tratamento (Tris - 2,5 ml, pH 6,8, SDs 4 ml, Glicerol -2ml, 2-mercaptoetanol - 1 ml, Água destilada, 0,5 ml e uma pitada de azul de bromofenol). As amostras foram aquecidas durante 5 minutos num banho de água. A mistura foi arrefecida e a amostra foi aplicada separadamente na parte superior do gel. A proteína marcadora padrão de peso molecular alargado foi também aplicada em conjunto. O gel foi colorido com azul de coomassie brilhante durante 2 horas e descolorado com uma mistura de metanol-ácido acético e água destilada até as bandas no gel ficarem claras. O peso molecular das bandas proteicas em relação às proteínas marcadoras foi estimado por comparação com um marcador molecular.

22.3.ESTIMATIVA DO TEOR TOTAL DE LÍPIDOS:

Folch *et al.,* (1957), Modificado por Overturf & Dryer (1969).

Os lípidos são extraídos homogeneizando o tecido com uma mistura de clorofórmio e metanol (v/v), filtrando o homogenato, purificando-o por lavagem e secando o extrato lavado. O tecido pesado foi homogeneizado com uma mistura 2:1 de clorofórmio e metanol (v/v), de modo a que 1 g de tecido fosse diluído para um volume de 20 ml num homogeneizador. Os tecidos mais duros foram triturados com um almofariz e pilão à temperatura de gelo seco antes da homogeneização com a mistura de solventes. Após o equilíbrio da temperatura e o ajuste do volume final, o homogenato foi filtrado através de um papel de filtro sem gordura para um recipiente com tampa de vidro. 1 ml deste extrato corresponde a 0,05 g de tecido.

O extrato bruto foi misturado com 4 ml de solução salina de solvente puro da fase superior e misturado com uma vareta de agitação. A vareta de agitação é lavada com uma quantidade mínima de solvente puro da fase inferior no tubo. Permitiu-se a separação em duas fases, sem penugem interfacial, quer por repouso quer por centrifugação. A fase superior foi removida por lavagem da interface com pequenas quantidades de solventes puros da fase superior. Este processo foi repetido três vezes.

Finalmente, a fase inferior e o restante líquido de lavagem foram transformados em fase pela adição de metanol. O conteúdo foi vertido em cadinhos pesados, lavado com uma mistura de clorofórmio e metanol e evaporado à temperatura ambiente. Após a evaporação completa, os extractos foram secos a 105^0 C durante 2 horas, até se obter um peso constante. O teor total de lípidos do tecido fresco/gm foi determinado deduzindo o peso do cadinho vazio do peso do cadinho seco.

23. Actividades enzimáticas:

23.1.Recolha de fluido digestivo para determinar a atividade enzimática da amilase, da protease e da lipase *in vitro:*

O fluido digestivo foi recolhido no quarto dia do quinto estádio larvar. As larvas foram deixadas à fome durante 4 h e o suco digestivo foi recolhido do intestino médio após a dissecação das larvas. O fluido digestivo foi recolhido em tubos previamente arrefecidos. Foram utilizadas cinco larvas individuais para a recolha de amostras. Uma vez que o sexo não era discernível durante a fase larvar, é provável que as amostras fossem provenientes de ambos os sexos. O fluido digestivo foi centrifugado a 10.000 rpm durante 10 minutos para remover partículas de folhas não digeridas e armazenado a -20°C até ser utilizado

23.2.Atividade da amilase:

A atividade da amilase digestiva foi medida com o procedimento do ácido dinitrosalicílico utilizando amido solúvel como substrato (Bernfeld, 1955; Baker, 1991). Incubou-se 1 ml de sumo digestivo com 2% de amido solúvel em 0,5 ml de tampão fosfato 20 mM (pH 6,8) e CaCl 1 mM$_2$ a 37°C durante 30 min, após a incubação adicionar 2 ml de solução de ácido dinitrosalicílico A, ferver durante 20 min e depois adicionar a solução de DNS B, arrefecer os tubos de ensaio à temperatura ambiente. As maltodextrinas libertadas foram estimadas pela absorvância a 525 nm. Para os controlos, a enzima foi adicionada após a adição de ácido dinitrosalicílico. A maltose foi utilizada como padrão e a atividade enzimática foi expressa em mg de maltose libertada mg/ml/min a 37°C. As amostras foram diluídas antes do ensaio para manter a linearidade. Os ensaios enzimáticos foram efectuados para cinco amostras larvares individuais calibradas contra controlos para dois ensaios e as médias de todos os cinco valores e ensaios foram consideradas como valores finais.

23.3. Atividade proteolítica:

O método de Anson, M. L., (1938), Kunitz M., (1947) Lowry *et al., (1951)* foi utilizado para estimar a atividade das proteases digestivas, tendo a caseína como substrato. Para o suco digestivo, homogeneizar o trato digestivo ou o suco direto diluído em 10 ml de água bidestilada. 1 ml de sumo digestivo foi incubado durante 1 hora a 37^0 C com 1 ml de caseína a 1% em 1 ml de CaCl (0,02M)$_2$ e tampão fosfato 0,1M. Após a incubação, para parar a reação e precipitar a proteína restante, adicionar 3 ml de TCA a 5% e deixar repousar durante 10 minutos e centrifugar a 5000 rpm durante 15 minutos. Recolher o sobrenadante para medir a constante de aminoácidos libertados. Uma alíquota conhecida desta solução foi então misturada com 5 ml de reagente alcalino de cobre (carbonato de sódio a 20% preparado em hidróxido de sódio 0,1 N contendo tartarato de sódio e potássio e sulfato de cobre a 1%). Após 10 minutos, foram adicionados aos tubos 0,5 ml de reagente de Folin Ciocalteu e os tubos foram bem agitados. Em seguida, os tubos foram mantidos durante 20 minutos para o desenvolvimento da cor. As leituras foram efectuadas no colorímetro a 650 nm. Para o padrão de referência, foi utilizado o aminoácido tirosina como padrão e a atividade enzimática foi expressa em mg de tirosina libertada mg/ml/min a 37°C.

23.4.Atividade de lipase:

O ensaio da atividade da lipase foi realizado segundo o método de Tietz e Fiereck (1966) modificado por Isong (1987). Cada tubo de ensaio contém 2 ml de extrato bruto, um branco e um teste. O branco foi colocado em água a ferver durante 5 minutos para inativar a enzima e arrefecido. 0,5 ml de tampão fosfato de P^H 7,4 e 2 ml de substrato (azeite) foram introduzidos em ambos os tubos de ensaio, agitados e incubados a 27^0 C durante 24 horas. Adicionaram-se 2 ml de etanol e 2 gotas de indicador de fenolftaleína às amostras num frasco cónico e titulou-se com NaOH 0,05N padrão. A atividade da lipase foi expressa em mg/ml/min.

24. Quantificação hormonal:

Para a quantificação das hormonas dos insectos que manipulam a muda e o crescimento, a ecdisona (20-hidroxiecdisona e a hormona juvenil III, respetivamente), foram utilizados padrões da Sigma Aldrich Chemical Pvt. Ltd. EUA. As amostras de ensaio foram colhidas da hemolinfa do bicho-da-seda tasar *A. mylitta* D. Daba TV, criado no interior e no exterior.

Os ecdisteróides, sintetizados pelas glândulas protorácicas dos insectos, são essenciais para conduzir os eventos moleculares e celulares que levam à muda e à metamorfose (Sehnal, 1989; Gilbert *et al.,* 1996, 2002).

As hormonas juvenis são uma série homóloga de sesquiterpenóides que estão envolvidos na embriogénese, muda, metamorfose e reprodução (Gilbert *et al.,* 2000).

As estimativas quantitativas das seguintes hormonas foram efectuadas pelo método de Beydon (1985)

24.1.20-Hidroxiecdisona

24.2. Hormona Juvenil III

24.1.Quantificação da 20-hidroxiecdisona :

20 ml de hemolinfa colhida de cada larva de instar V tardio criada simultaneamente em condições exteriores e interiores durante três colheitas. Adicionada feniltioureia para evitar a melanização, mantida a -20º C até à utilização. Deixa-se a hemolinfa fundir à temperatura ambiente, adiciona-se-lhe 10 vezes a sua quantidade de acetona-etanol 1:1 e procede-se à extração três vezes. Os extractos de acetona-etanol são combinados, secos sob pressão reduzida numa câmara de temperatura constante mantida a 25-30º C, e o resíduo é enviado para a etapa seguinte. Adicionam-se então quantidades iguais de metanol a 70% e de éter de petróleo ao resíduo para transferir os lípidos para a fração de éter de petróleo. A fração de metanol é utilizada para a etapa seguinte. A fração de metanol a 70% é deixada secar numa câmara constante mantida a 30-35º C para obter um resíduo. Este resíduo é dividido em água e butanol, o procedimento é feito três vezes e o extrato de butanol utilizado como extrato de ecdisona é armazenado a -20 até ser utilizado. Este extrato é seco sob pressão reduzida e redissolvido em 10 ml de metanol, mantido seco e frio até à quantificação por HPLC. Antes de passar para a HPLC, o composto foi detectado pela técnica TLC (Thin Layer Chromatography), sendo utilizado o solvente clorofórmio: metanol: água (60:40:10) para a separação, e o reagente pulverizado P-anisaldeído foi utilizado para a reação de cor contra o padrão (Fig. 32).

24.2.Hormona Juvenil III

(Beydon, 1985)

Amostra de hemolinfa de inseto preparada segundo o método de Stephanie *et al.,* 2004, com modificações. Foram recolhidos 5-10 µl com um capilar de vidro e soprados para metanol/isooctano (1:1, v/v). O rácio de hemolinfa e solvente foi de 1:10 (v/v). A mistura foi agitada em vórtice durante 20 segundos e deixada em repouso à temperatura ambiente durante 30 minutos.

As amostras foram centrifugadas a 8.500xg durante 15 minutos. A fase de isooctano foi transferida para um novo frasco de vidro, a fase de metanol foi agitada em vórtice e centrifugada a 10 000 Xg durante 30 minutos e combinada com a fase de isooctano e armazenada a 20^0 C até à sua utilização.

RMN da 20-hidroxiecdisona:

A conformação dos protões na 20-hidroxiecdisona, os espectros de RMN H1 foram registados no espetrómetro Jeol 400-MH_z NMR (Modelo JNM-400) utilizado e $CDCL_3$ como padrão interno.

Análise quantitativa e qualitativa de ecdisteróides e JH III por HPLC:

Os ecdisteróides diluídos em metanol foram analisados por HPLC do tipo Jasco HPLC system UV-2075 com detetor de UV. O tipo de coluna utilizado foi Hypersil BDS C18, 250 mm X 4,6 mm, 5 um. A fase móvel utilizada foi uma mistura de metanol-água (9:1), o caudal foi de 1 ml/min e o comprimento de onda utilizado para detetar o ecdisteróide foi de 254 nm (Beydon, 1985). O padrão de ecdisteróide utilizado como comparação foi a ecdisona (obtida da Sigma Ltd. USA). O padrão de ecdisona foi diluído com metanol antes da análise.

A análise quantitativa foi efectuada através da comparação do tempo de retenção entre o ecdisteróide padrão e a amostra. Se a amostra contivesse compostos com o mesmo tempo de retenção que o ecdisteróide padrão, presumia-se que o composto era um ecdisteróide. Procedeu-se à injeção conjunta do padrão e da amostra para confirmar a existência de ecdisteróide na amostra.

A análise quantitativa para determinar a concentração de ecdisteróides foi efectuada comparando a largura da área da amostra com a do padrão numa curva de calibração padrão. A curva foi feita traçando a largura da área do padrão de ecdisteróide em função da sua concentração.

CAPÍTULO 3

RESULTADOS

Table 3: Instar- wise average temperature(°C) of outdoor and indoor reared tasar silkworm, *Antheraea mylitta* Drury (Daba TV) during three crops of 2008.

Year	Crop	Rearing	I	II	III	IV	V
I (2008)	I (June-July)	Outdoor	31.25 ± 0.95	33.0 ± 0.81	32.75 ± 2.62	32.33 ± 2.25	28.0 ± 2.29
		Indoor	29.0 ± 0.0	30.0 ± 0.0	30.0 ± 0.0	31.0 ± 1.54	27.0 ± 1.66
	II (Aug – Sep)	Outdoor	32.0 ± 0.0	32.0 ± 1.0	30.0 ± 2.16	32.0 ± 0.70	31.7 ± 1.41
		Indoor	29.67 ± 0.57	30.33 ± 1.15	28.25±0.5	28.2 ± 0.44	28.4 ± 0.51
	III (Dec- Jan)	Outdoor	29.8 ± 1.30	30.0 ± 0.81	31.0 ± 1.09	30.85 ± 1.21	30.0 ± 1.50
		Indoor	26.4 ± 0.54	26.2 ± 0.95	25.5 ± 0.83	26.0 ± 0.57	25.0 ± 0.94

As temperaturas médias por instar da criação exterior e interior do bicho-da-seda tasar, *A. mylitta* D. (Daba TV) durante três anos para três colheitas de 2008 - 2010 foram registadas e apresentadas nos quadros 3, 4 e 5. A temperatura média da primeira colheita e o seu desvio padrão da criação ao ar livre de 2008 foram 31,25 ± 0,95 (S. D), 33,00 ± 0,81 (S. D), 32,75 ± 2,62 (S. D), 32,33 ± 2,25 (S. D) e 28.0 ± 2,29 (S. D), enquanto a criação em recinto fechado foi de 29,0 ± 0 (S. D), 30 ± 0 (S. D), 30,0 ± 0, 31,0 ± 1,54 (S. D) e 27,0 ± 1,66 (S. D) dos instares I, II, III, IV e V, respetivamente (Fig. 36).

A temperatura média e o respetivo desvio-padrão da criação ao ar livre na segunda colheita de 2008 foram 32,0 ± 0 (S. D), 32,0 ± 1,0 (S. D), 30,0 ± 2,16 (S. D) e 32,0 ± 0,70 (S. D), enquanto a da criação em recinto fechado foi 29,67 ± 0,57 (S. D), 30,33 ± 1,15 (S. D), 28,25 ± 0,5 (S. D), 28,25 ± 0,5 (S. D) e 32,0 ± 0,70 (S. D). D), ao passo que na criação em recinto fechado foram 29,67 ± 0,57 (S. D), 30,33 ± 1,15 (S. D), 28,25 ± 0,5 (S. D), 28,2 ± 0,44 (S. D) e 28,4 ± 0,51 (S. D) dos instares I, II, III, IV e V, respetivamente (Fig. 37).

A temperatura média da terceira colheita e o seu desvio-padrão na criação ao ar livre da terceira colheita no ano de 2008 foram de 29,8 ± 1,30 (S. D), 30,0 ± 0,81 (S. D), 31,0 ± 1,09 (S. D), 30,85 ± 1,21 (S. D) e 30.0 ± 1,50 (S. D), enquanto as do cultivo em recinto fechado foram de 26,4 ± 0,54 (S. D), 26,25 ± 0,95 (S. D), 25,5 ± 0,83 (S. D), 26,0 ± 0,57 (S. D) e 25,0 ± 0,94 (S. D) do I, II, III, IV e V instar, respetivamente (Fig. 38).

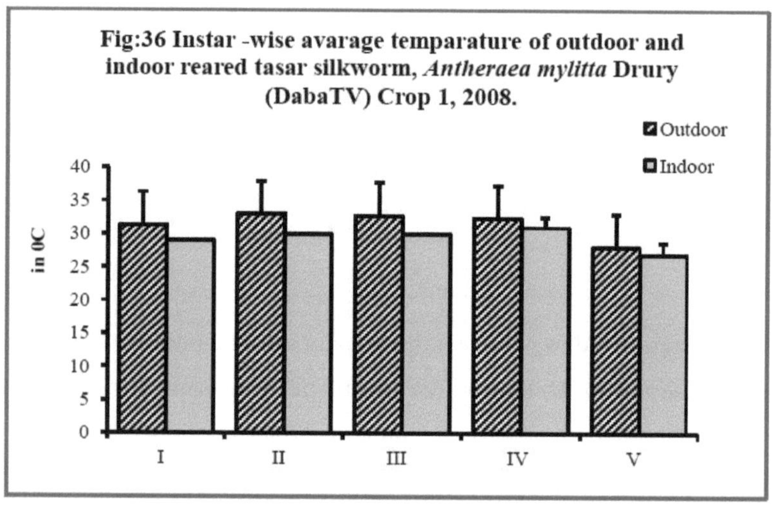

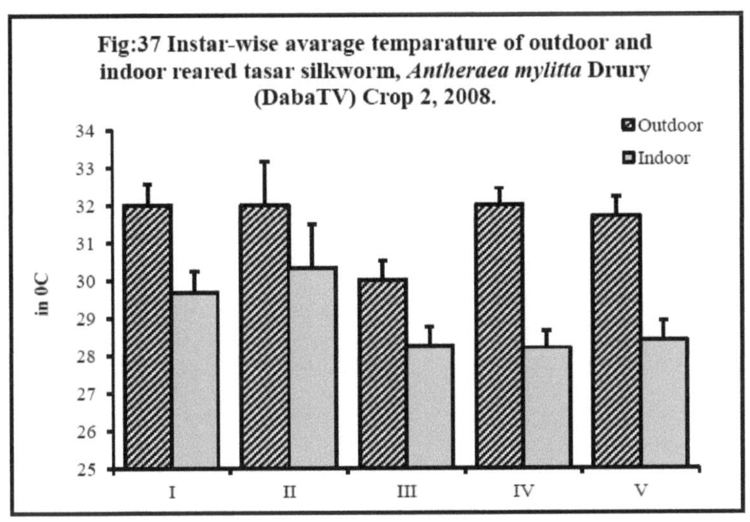

Fig:37 Instar-wise avarage temparature of outdoor and indoor reared tasar silkworm, *Antheraea mylitta* Drury (DabaTV) Crop 2, 2008.

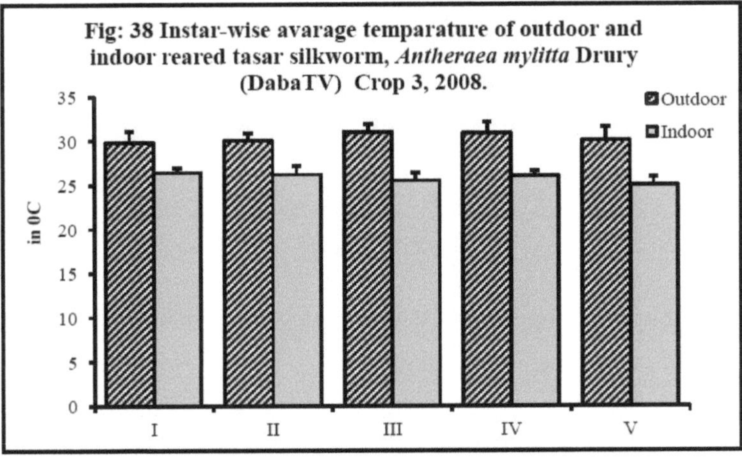

Fig: 38 Instar-wise avarage temparature of outdoor and indoor reared tasar silkworm, *Antheraea mylitta* Drury (DabaTV) Crop 3, 2008.

Table 4: Instar- wise average temperature(^{0}C) of outdoor and indoor reared tasar silkworm, *Antheraea mylitta* Drury (Daba TV) during three crops of 2009.

Year	Crop	Rearing	Instar				
			I	II	III	IV	V
II (2009)	I (June-July)	Outdoor	32.75 ± 0.5	32.0 ± 2.44	35.0 ± 2.0	35.2 ± 1.09	32.54 ± 1.43
		Indoor	30.0 ± 0	28.6 ± 1.14	29.8 ± 0.44	31.8 ± 1.09	29.18 ± 1.07
	II (Aug – Sep)	Outdoor	33.2 ± 2.16	30.75 ± 0.5	30.2 ± 1.03	30.57 ± 7.91	27.29 ± 2.51
		Indoor	27.4 ± 1.14	26.75 ± 0.95	29.8 ± 6.79	27.14 ± 7.16	25.47 ± 1.32
	III (Dec- Jan)	Outdoor	28.4 ± 0.81	28.25 ± 0.70	28.25 ± 1.03	29.92 ± 1.49	30.87 ± 0.80
		Indoor	25.2 ± 1.16	23.87 ± 0.64	24.12 ± 0.35	27.07 ± 4.66	29.0 ± 0.62

A temperatura média da primeira colheita e o seu desvio-padrão na criação ao ar livre em 2009 foram 32,75±0,5 (S. D), 32,0 ± 2,44 (S. D), 35,0 ± 2,0 (S. D), 35,2 ± 1,09 (S. D) e 32,54 ± 1,43 (S. D). D), enquanto as do cultivo em recinto fechado foram de 30,0 ± 0,0 (S. D), 28,6 ± 1,14 (S. D), 29,8 ± 0,44, 31,8 ± 1,09 (S. D) e 29,18 ± 1,07 (S. D) dos instares I, II, III, IV e V, respetivamente (Fig. 39).

A temperatura média da segunda colheita e o seu desvio-padrão na criação ao ar livre em 2009 foram 33,2 ± 2,16 (S. D), 30,75 ± 0,5 (S. D), 30,2 ± 1,03 (S. D), 30,57 ± 7,91 (S. D) e 27,29 ± 2,51 (S. D). D), enquanto as do cultivo em recinto fechado foram de 27,4 ± 1,14 (S. D), 26,75 ± 0,95 (S. D), 29,8 ± 6,79 (S. D), 27,14 ± 7,16 (S. D) e 25,47 ± 1,32 (S. D) dos instares I, II, III, IV e V, respetivamente (Fig. 40).

A temperatura média da terceira colheita e o seu desvio-padrão na criação ao ar livre em 2009 foram de 28,4 ± 0,81 (S. D), 28,25 ± 0,70 (S. D), 28,25 ± 1,03 (S. D), 29,92 ± 1,49 (S. D) e 30,87 ± 0,80 (S. D). D), enquanto as do cultivo em recinto fechado foram de 25,2 ± 1,16 (S. D), 23,87 ± 0,64 (S. D), 24,12 ± 0,35 (S. D), 27,07 ± 4,66 (S. D) e 29,0 ± 0,62 (S. D) do I, II, III, IV e V instar, respetivamente (Fig. 41).

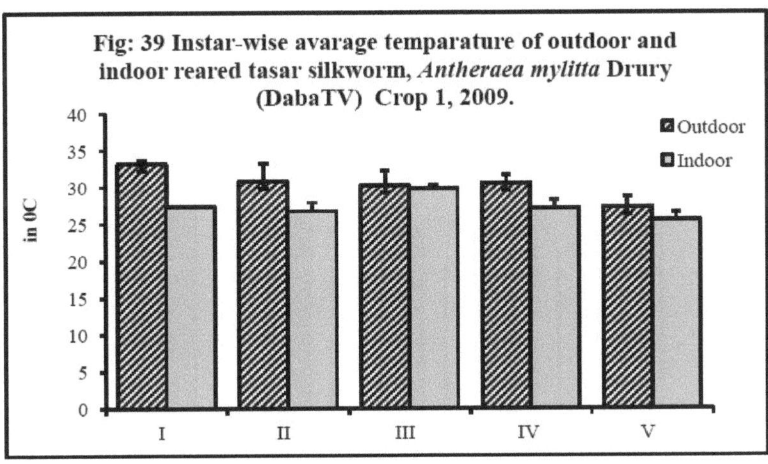

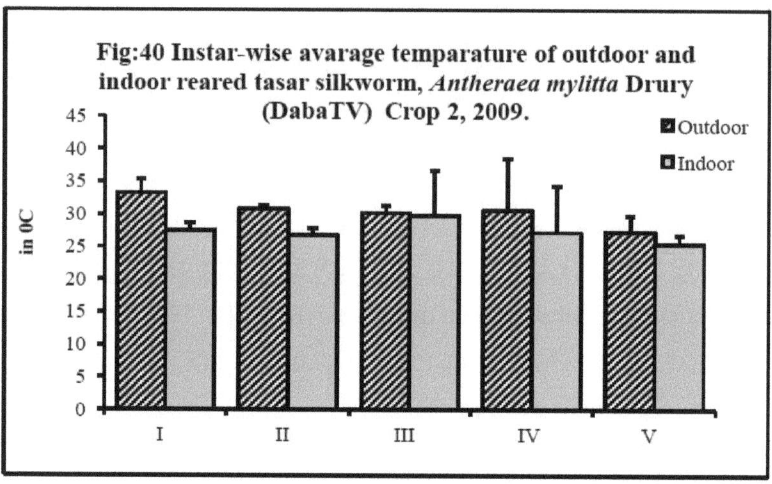

Fig:40 Instar-wise avarage temparature of outdoor and indoor reared tasar silkworm, Antheraea mylitta Drury (DabaTV) Crop 2, 2009.
Outdoor
Indoor
in 0C
45
40
35
30
25
20
15
10
5
0
I
II
III
IV
V

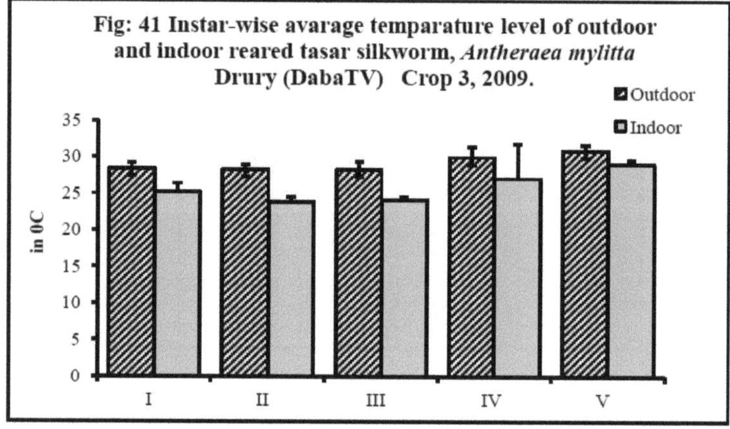

Fig: 41 Instar-wise avarage temparature level of outdoor and indoor reared tasar silkworm, Antheraea mylitta Drury (DabaTV)   Crop 3, 2009.
Outdoor
Indoor
in 0C
35
30
25
20
15
10
5
0
I
II
III
IV
V

Table 5: Instar- wise average temperature(^{0}C) of outdoor and indoor reared tasar silkworm, *Antheraea mylitta* Drury, (Daba TV) during three crops of 2010.

Year	Crop	Rearing	Instar				
			I	II	III	IV	V
III (2010)	I (June–July)	Outdoor	26.75 ± 0.95	28.0 ± 1.0	29.5 ± 1.04	27.11 ± 2.31	29.0 ± 2.17
		Indoor	25.5 ± 0.577	26.67 ± 0.57	26.5 ± 1.04	26.66 ± 0.86	26.93 ± 0.67
	II (Aug – Sep)	Outdoor	28.5 ± 0.83	29.25 ± 2.64	29.6 ± 0.54	29.6 ± 1.14	29.8 ± 1.069
		Indoor	26.75 ± 0.54	27.0 ± 0.57	26.4 ± 0.54	26.6 ± 0.54	27.4 ± 0.92
	III (Dec-Jan)	Outdoor	28.4 ± 0.54	28.6 ± 1.67	29.0 ± 1.63	29.11 ± 0.92	29.33 ± 0.97
		Indoor	25.8 ± 0.44	25.8 ± 0.83	25.28 ± 0.75	26.34 ± 0.70	25.66 ± 0.61

A temperatura média da primeira colheita e o seu desvio padrão na criação ao ar livre em 2010 foram 26,75 ± 0,95 (S. D), 28,0 ± 1,0 (S. D), 29,5 ± 1,04 (S. D), 27,11 ± 2,31 (S. D) e 29,0 ± 2,17 (S. D). D), enquanto as do cultivo em recinto fechado foram de 25,5 ± 0,577 (S. D), 26,67 ± 0,57 (S. D), 26,5

81

± 1,04 (S. D), 26,66 ± 0,86 (S. D) e 26,93 ± 0,67 (S. D) do I, II, III, IV e V instar, respetivamente (Fig. 42).

A temperatura média da segunda colheita e o seu desvio padrão na criação ao ar livre em 2010 foram de 28,5±0,83 (S. D), 29,25±2,64 (S. D), 29,6±0,54 (S. D), 29,6±1,14 (S. D) e 29,8±1,069 (S. D). D), enquanto a do cultivo em recinto fechado foi de 26,75±0,54 (S. D), 27±0,57 (S. D), 26,4±0,54 (S. D), 26,6±0,54 (S. D) e 27,4±0,92 (S. D) dos instares I, II, III, IV e V, respetivamente (Fig. 43).

A temperatura média da terceira colheita e o seu desvio-padrão na criação ao ar livre em 2010 foram de 28,4 ± 0,54 (S. D), 28,6 ± 1,67 (S. D), 29 ± 1,63 (S. D), 29,11 ± 0,92 (S. D) e 29,33 ± 0,97 (S. D), enquanto a da criação em recinto fechado foi de 25,8 ± 0,44 (S. D), 25,28 ± 0,75 (S. D), 26,33 ± 0,97 (S. D) e 25,8 ± 0,83 (S. D). D), enquanto as do cultivo em recinto fechado foram de 25,8 ± 0,44 (S. D), 25,8 ± 0,83 (S. D), 25,28 ± 0,75 (S. D), 26,34 ± 0,70 (S. D) e 25,66 ± 0,61 (S. D) do I, II, III, IV e V instar, respetivamente (Fig. 44).

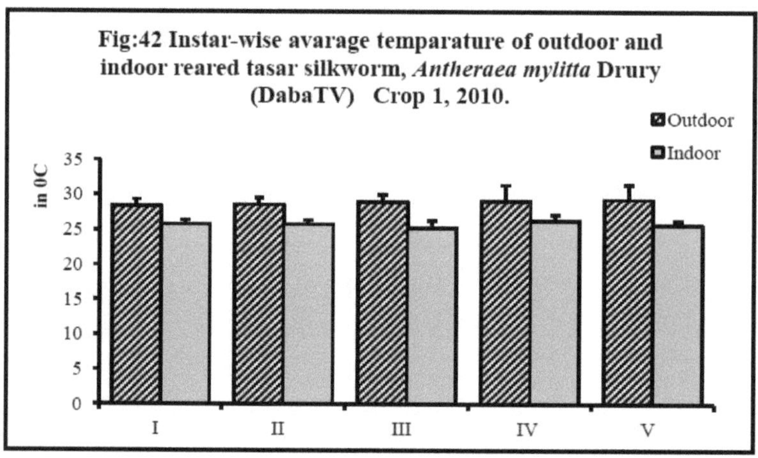

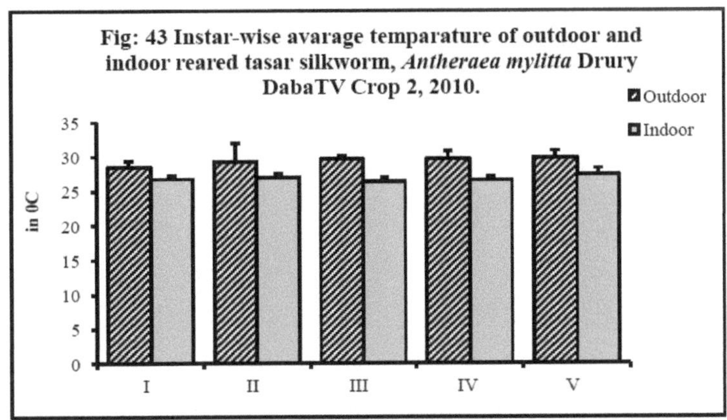

Fig: 43 Instar-wise avarage temparature of outdoor and indoor reared tasar silkworm, *Antheraea mylitta* Drury DabaTV Crop 2, 2010.

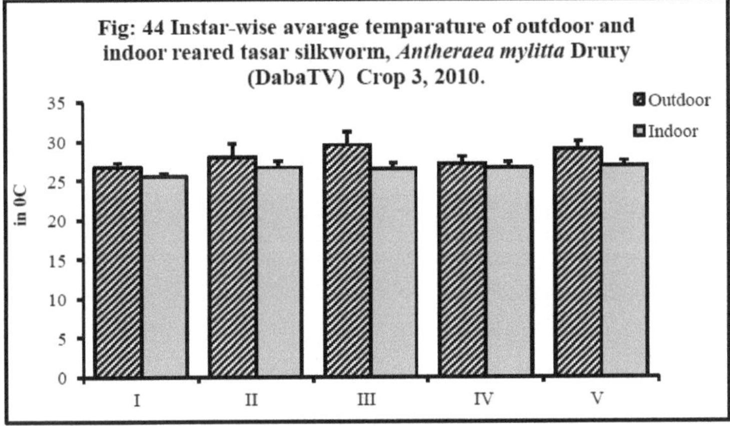

Fig: 44 Instar-wise avarage temparature of outdoor and indoor reared tasar silkworm, *Antheraea mylitta* Drury (DabaTV) Crop 3, 2010.

Table 6: Instar- wise average relative humidity (%) of outdoor and indoor reared tasar silkworm, *Antheraea mylitta* Drury, (Daba TV) during three crops of 2008.

Year	Crop	Rearing	Instar				
			I	II	III	IV	V
I (2008)	I (June-July)	Outdoor	60.75 ± 5.62	59.25 ± 9.77	58.75 ± 14.22	52.66 ± 4.08	48.0 ± 8.64
		Indoor	67.0 ± 2.45	67.0 ± 3.55	61.5 ± 2.38	59.16 ± 2.04	60.0 ± 5.66
	II (Aug – Sep)	Outdoor	46.66 ± 2.88	47.33 ± 6.80	58.75 ± 7.5	49.4 ± 6.38	48.6 ± 3.20
		Indoor	59.33 ± 1.15	62.33 ± 4.93	67.0 ± 6.27	60.8 ± 4.54	60.5 ± 4.27
	III (Dec- Jan)	Outdoor	41.6 ± 2.30	41.75 ± 2.36	31.16 ± 2.40	42.85 ± 3.18	42.62 ± 5.89
		Indoor	57.0 ± 7.81	57.0 ± 2.44	52.0 ± 3.94	54.57 ± 3.55	52.5 ± 5.52

A humidade relativa média por instar da criação ao ar livre e em recinto fechado durante três anos para três colheitas de 2008 - 2010 foi registada e apresentada nos quadros 6, 7 e 8. A humidade relativa média da primeira colheita e o seu desvio-padrão na criação ao ar livre de 2008 foram de 60,75 ± 5,62 (S. D), 59,25 ± 9,77 (S. D), 8,75 ± 14,22 (S. D), 52,66 ± 4,08 (S. D) e 48,0 ± 8.64 (S. D), enquanto as do cultivo em recinto fechado foram de 67,0 ± 2,45 (S. D), 67,0 ± 3,55 (S. D), 61,5 ± 2,38 (S. D), 59,16 ± 2,04 (S. D) e 60,0 ± 5,66 (S. D) do I, II, III, IV e V instar, respetivamente (Fig. 45).

A humidade relativa média da segunda colheita e o seu desvio padrão na criação ao ar livre de 2008 foram 46,66 ± 2,88 (S. D), 47,33 ± 6,80 (S. D), 58,75 ± 7,5 (S. D), 49,4 ± 6,38 (S. D) e 48,6 ± 3.20 (S. D), enquanto os da criação em recinto fechado foram de 59,33 ± 1,15 (S. D), 62,33 ± 4,93 (S. D), 67,0 ± 6,27 (S. D), 60,8 ± 4,54 (S. D) e 60,5 ± 4,27 (S. D) dos instares I, II, III, IV e V, respetivamente (Fig. 46).

A humidade relativa média da terceira colheita e o seu desvio-padrão na criação ao ar livre de 2008 foram 41,6 ± 2,30 (S. D), 41,75 ± 2,36 (S. D), 31,16 ± 2,40 (S. D), 49,4 ± 6,38 (S. D) e 42,62 ± 5.89 (S. D), enquanto os da criação em recinto fechado foram 57,0 ± 7,81 (S. D), 57,0 ± 2,44 (S. D), 52,0 ± 3,94 (S. D), 54,57 ± 3,55 (S. D) e 52,5 ± 5,52 (S. D) do I, II, III, IV e V instar, respetivamente (Fig. 47).

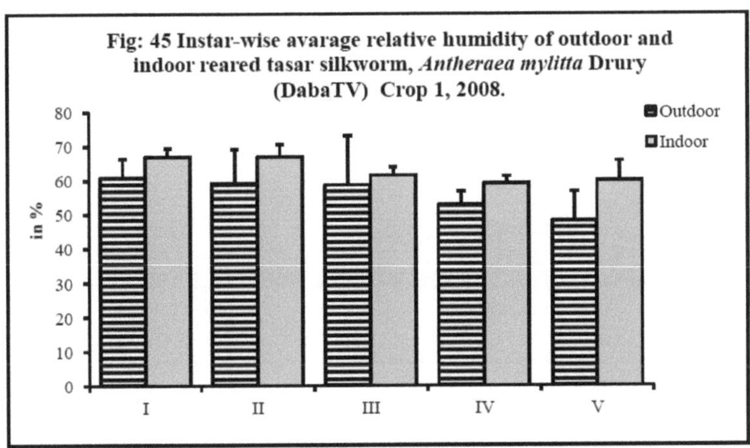

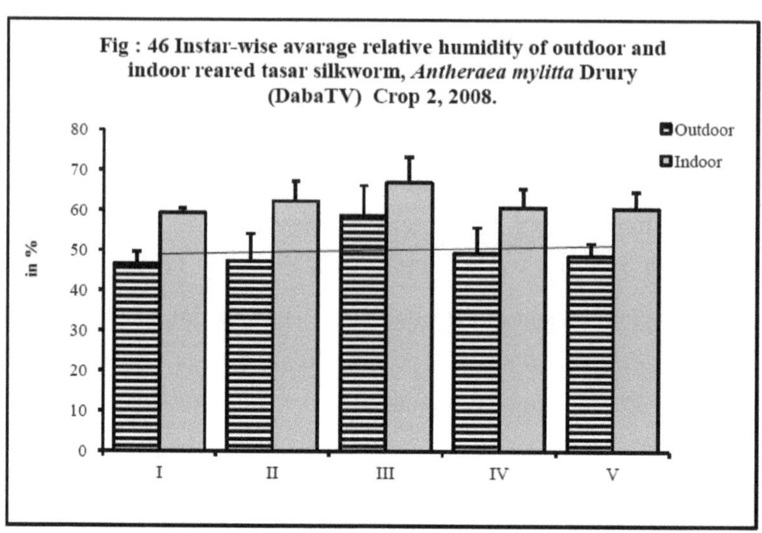

Fig : 46 Instar-wise avarage relative humidity of outdoor and indoor reared tasar silkworm, *Antheraea mylitta* Drury (DabaTV) Crop 2, 2008.

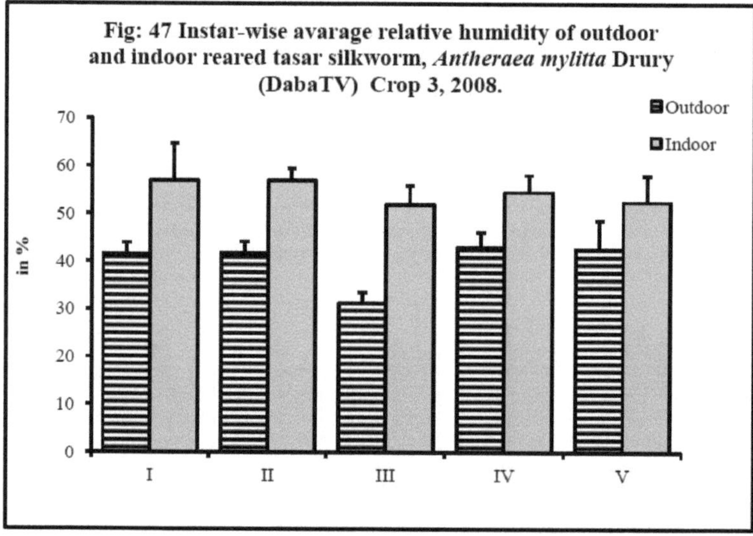

Fig: 47 Instar-wise avarage relative humidity of outdoor and indoor reared tasar silkworm, *Antheraea mylitta* Drury (DabaTV) Crop 3, 2008.

Table 7: Instar-wise average relative humidity (%) of outdoor and indoor reared tasar silkworm, *Antheraea mylitta* Drury, (Daba TV) during three crops of 2009.

Year	Crop	Rearing	Instar				
			I	II	III	IV	V
II (2009)	I (June-July)	Outdoor	58.75 ± 4.78	50.4 ± 9.81	42.0 ± 5.77	38.6 ± 2.60	57.0 ± 3.66
		Indoor	63.0 ± 5.03	59.0 ± 6.51	60.0 ± 2.04	54.6 ± 4.77	65.0 ± 5.40
	II (Aug – Sep)	Outdoor	33.4 ± 7.76	43.75 ± 2.87	38.6 ± 7.05	51.42 ± 13.23	48.35 ± 9.71
		Indoor	49.0 ± 5.01	52.5 ± 2.88	52.2 ± 0.44	61.42 ± 15.86	58.88 ± 5.18
	III (Dec- Jan)	Outdoor	41.2 ± 7.25	34.12 ± 2.10	46.12 ± 3.22	38.53 ± 5.01	32.0 ± 3.75
		Indoor	51.6 ± 7.36	44.75 ± 5.52	50.0 ± 9.35	45.46 ± 7.22	35.0 ± 8.12

A humidade relativa média da primeira colheita e o seu desvio padrão na criação ao ar livre de 2009 foram 58,75 ± 4,78 (S. D), 50,4 ± 9,81 (S. D), 42,0 ± 5,77 (S. D), 59,0 ± 6,51 (S. D) e 60,0 ± 2.04 (S. D), enquanto os da criação em recinto fechado foram 63,0 ± 5,03 (S. D), 57,0 ± 2,44 (S. D), 52,0

± 3,94 (S. D), 54,6 ± 4,77 (S. D) e 65,0 ± 5,40 (S. D) do I, II, III, IV e V instar, respetivamente (Fig. 48).

A humidade relativa média da segunda colheita e o seu desvio-padrão na criação ao ar livre da segunda colheita no ano de 2009 foram 33,4 ± 7,76 (S. D), 43,75 ± 2,87 (S. D), 38,6 ± 7,05 (S. D), 51,42 ± 13,23 (S. D) e 48,35 ± 9,71 (S. D). D) e 48,35 ± 9,71 (S. D), enquanto que na criação em recinto fechado os valores foram 49,0 ± 5,01 (S. D), 52,5 ± 2,88 (S. D), 52,2 ± 0,44 (S. D), 61,42 ± 15,86 (S. D) e 58,88 ± 5,18 (S. D) dos instares I, II, III, IV e V, respetivamente (Fig. 49).

The third crop average relative humidity and its standard deviation of outdoor rearing of 2009 were 41.2 ± 7.25 (S. D), 34.12 ± 2.10 (S. D), 46.12 ± 3.22 (S. D), 38.53 ± 5.01 (S. D) and 32.0 ± 3.75 (S. D), ao passo que os da criação em recinto fechado foram de 51,6 ± 7,36 (S. D), 44,75 ± 5,52 (S. D), 50,0 ± 9,35 (S. D), 45,46 ± 7,22 (S. D) e 35,0 ± 8,12 (S. D) dos instares I, II, III, IV e V, respetivamente (Fig. 50).

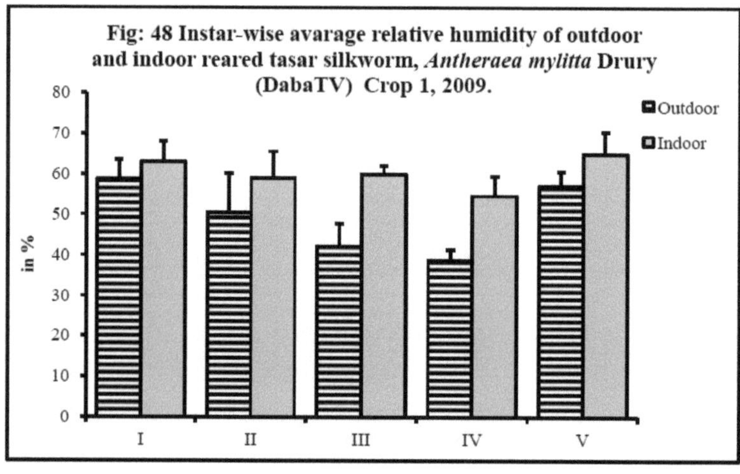

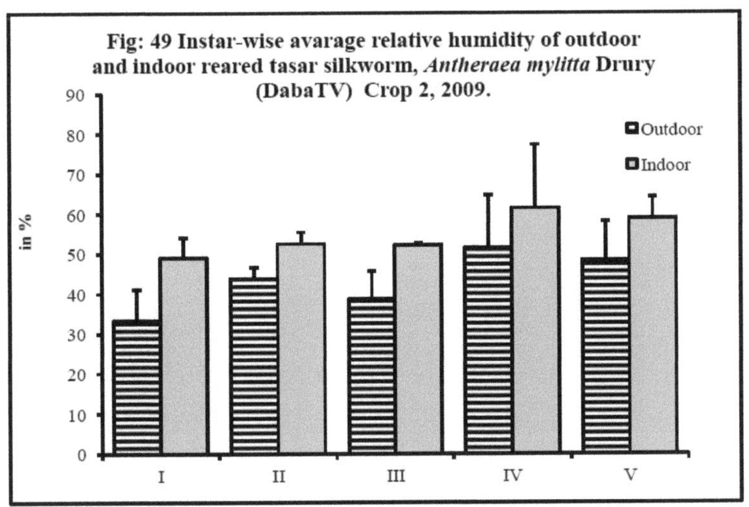

Fig: 49 Instar-wise avarage relative humidity of outdoor and indoor reared tasar silkworm, *Antheraea mylitta* Drury (DabaTV) Crop 2, 2009.

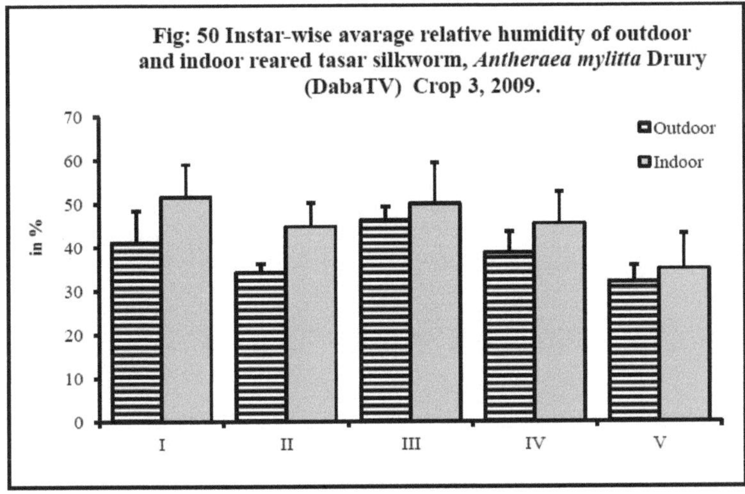

Fig: 50 Instar-wise avarage relative humidity of outdoor and indoor reared tasar silkworm, *Antheraea mylitta* Drury (DabaTV) Crop 3, 2009.

Table 8: Instar-wise average relative humidity (%) of outdoor and indoor reared tasar silkworm, *Antheraea mylitta* Drury, (Daba TV) during three crops of 2010.

Year	Crop	Rearing	Instar				
			I	II	III	IV	V
III (2010)	I (June-July)	Outdoor	49.0 ± 2.58	49.34 ± 2.30	56.16 ± 3.43	48.67 ± 5.26	47.13 ± 4.77
		Indoor	61.75 ± 2.87	56.34 ± 2.30	66.16 ± 2.40	57.23 ± 5.49	54.73 ± 5.15
	II (Aug – Sep)	Outdoor	55.5 ± 9.20	49.75 ± 4.16	45.8 ± 2.16	45.8 ± 2.16	41.13 ± 4.60
		Indoor	72.25 ± 2.60	66.5 ± 1.73	63.2 ± 1.64	61.0 ± 2.64	57.66 ± 1.52
	III (Dec- Jan)	Outdoor	50.2 ± 4.14	40.6 ± 4.56	37.0 ± 4.47	38.78 ± 4.14	35.13 ± 3.44
		Indoor	60.2 ± 3.49	55.6 ± 2.30	45.57 ± 3.69	47.45 ± 4.18	45.6 ± 2.79

A humidade relativa média da primeira colheita e o seu desvio-padrão na criação ao ar livre em 2010 foram de 49,0 ± 2,58 (S. D), 49,34 ± 2,30 (S. D), 56,16 ± 3,43 (S. D), 48,67 ± 5,26 (S. D) e 47,13 ± 4,77 (S. D), enquanto que na criação em recinto fechado foram de 61,75 ± 2,87 (S. D), 56,34 ± 2,30 (S. D), 66,16 ± 2,40 (S. D), 66,16 ± 2,40 (S. D) e 47,13 ± 4,77 (S. D). D),

enquanto as do cultivo em recinto fechado foram de 61,75 ± 2,87 (S. D),
56,34 ± 2,30 (S. D), 66,16 ± 2,40 (S. D), 57,23 ± 5,49 (S. D) e 54,73 ± 5,15
(S. D) dos instares I, II, III, IV e V, respetivamente (Fig. 51).

A humidade relativa média da segunda colheita e o seu desvio-padrão na
criação ao ar livre em 2010 foram de 55,5 ± 9,20 (S. D), 49,75 ± 4,16 (S. D),
45,8 ± 2,16 (S. D), 45,8 ± 2,16 (S. D) e 41,13 ± 4,60 (S. D), enquanto que na
criação em recinto fechado foram de 72,25 ± 2,60 (S. D), 66,5 ± 1,73 (S. D),
63,2 ± 1,64 (S. D), 63,2 ± 1,64 (S. D) e 41,13 ± 4,60 (S. D). D), enquanto
que os da criação em recinto fechado foram de 72,25 ± 2,60 (S. D), 66,5 ±
1,73 (S. D), 63,2 ± 1,64 (S. D), 61,0 ± 2,64 (S. D) e 57,66 ± 1,52 (S. D) dos
instares I, II, III, IV e V, respetivamente (Fig. 52).

The third crop average relative humidity and its standard deviation of
outdoor rearing of 2010 were 50.2 ± 4.14 (S. D), 40.6 ± 4.56 (S. D), 37.0 ±
4.47 (S. D), 38.78 ± 4.14 (S. D) and 35.13 ± 3.44 (S. D), enquanto as do
cultivo em recinto fechado foram de 60,2 ± 3,49 (S. D), 55,6 ± 2,30 (S. D),
45,57 ± 3,69 (S. D), 47,45 ± 4,18 (S. D) e 45,6 ± 2,79 (S. D) dos instares I,
II, III, IV e V, respetivamente (Fig. 53).

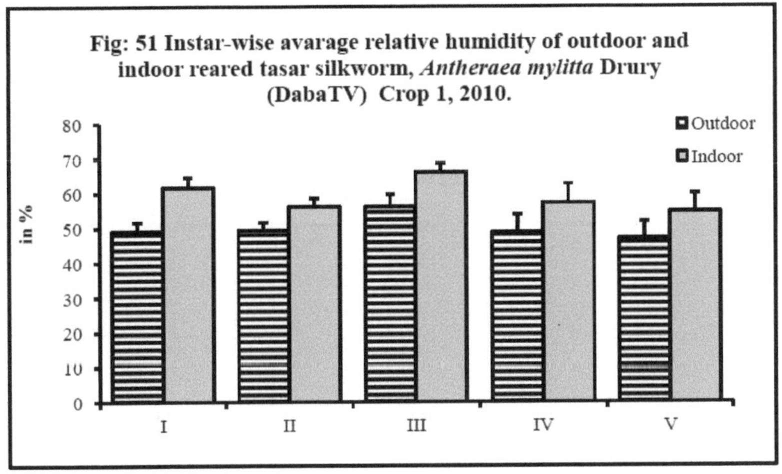

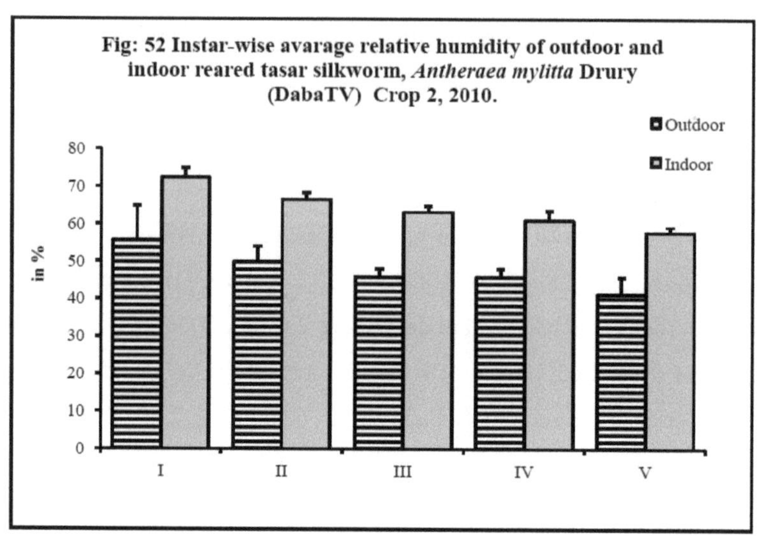

Fig: 52 Instar-wise avarage relative humidity of outdoor and indoor reared tasar silkworm, *Antheraea mylitta* Drury (DabaTV) Crop 2, 2010.

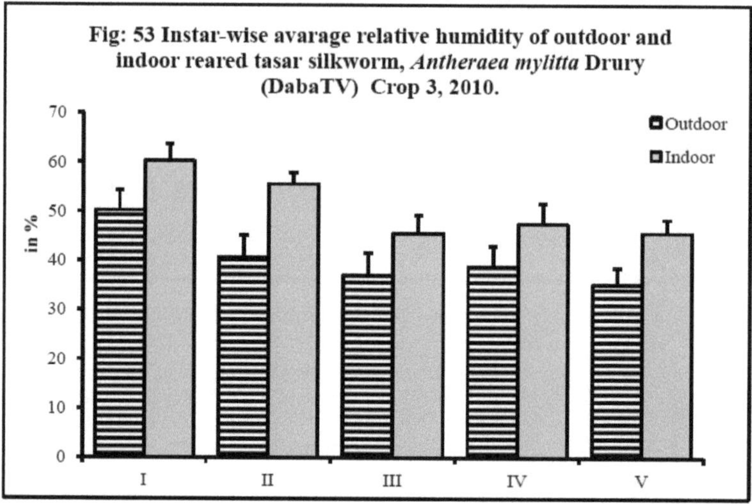

Fig: 53 Instar-wise avarage relative humidity of outdoor and indoor reared tasar silkworm, *Antheraea mylitta* Drury (DabaTV) Crop 3, 2010.

Table 9: Rearing performance of outdoor and indoor reared tasar silkworm, *Antheraea mylitta* Drury, (Daba TV) during three crops of 2008.

Year	No of eggs	Crop	Rearing	I	II	III	IV	V	Total loss	% Loss	No of cocoons formed	% of cocoon produced
I (2008)	200	I (June-July)	Outdoor	8	16	14	27	23	88	44	112	56
			Indoor	7	18	17	12	6	60	30	140	70*
	300	II (Aug – Sep)	Outdoor	28	32	19	22	38	139	46	161	53.6
			Indoor	20	18	22	18	15	93	31	207	69*
	400	III (Dec- Jan)	Outdoor	55	46	22	25	39	187	49.75	213	53.25
			Indoor	25	31	20	19	15	110	27.5	290	72.5*

O desempenho da criação ao ar livre e em recinto fechado durante três anos para três colheitas de 2008 - 2010 foi registado e apresentado nos quadros 9, 10 e 11. A perda de instares do bicho-da-seda tasar *A. mylitta* D. (Daba TV) na primeira colheita de 2008, criada ao ar livre, foi de 8, 16, 14, 27 e 23, enquanto a perda de instares do bicho-da-seda tasar criada em recinto fechado foi de 7, 18, 17, 12 e 6 dos instares I, II, III, IV e V, respetivamente.

93

A perda total na criação ao ar livre 88 foi de cerca de 44%, o número de casulos formados 112 em 200 bichos e a percentagem de produção de casulos 56%. A perda total no interior 60 foi de cerca de 30 %, o número de casulos formados foi de 140 e a percentagem de produção de casulos de 56%.

A perda de instares do bicho-da-seda tasar *A. mylitta* D., (Daba TV) da segunda colheita de 2009, criada ao ar livre, foi de 7, 18, 17, 12, 6 e 60, enquanto a perda de instares do bicho-da-seda tasar criada em recinto fechado foi de 28, 32, 19, 22 e 38 dos instares I, II, III, IV e V, respetivamente. A perda total no exterior 139 foi de cerca de 46%, o número de casulos formados foi de 161 num total de 300 bichos e a percentagem de produção de casulos foi de 53,6%. A perda total no interior 93 foi de cerca de 31%, o número de casulos formados foi de 207 e a percentagem de produção de casulos foi de 69%.

A perda de instares do bicho-da-seda tasar *A. mylitta* D., (Daba TV) da terceira colheita ao ar livre de 2010 foi de 55, 46, 22, 25 e 39, enquanto a perda de instares do bicho-da-seda tasar criado em interior foi de 28, 32, 19, 22 e 38 dos instares I, II, III, IV e V, respetivamente. A perda total no exterior 187 foi de cerca de 49,75%, o número de casulos formados foi de 213 num total de 400 bichos e a percentagem de produção de casulos foi de 53,25%. A perda total no interior 110 foi de cerca de 27,5%, o número de casulos formados foi de 290 e a percentagem de produção de casulos foi de 72,5%.

Table 10: Rearing performance of outdoor and indoor reared tasar silkworm, *Antheraea mylitta* Drury, (Daba TV) during three crops of 2009.

Year	No of eggs	Crop	Rearing	I	II	III	IV	V	Total loss	% Loss	No of cocoons formed	% of cocoon produced
II (2009)	400	I (June-July)	O.D.	48	53	36	23	41	201	50.25	199	49.75
			I.D.	19	42	38	28	31	158	39.5	242	60.5*
		II (Aug – Sep)	O.D.	51	32	40	21	25	169	42.25	231	57.75
			I.D.	25	28	32	25	18	128	32	272	68.0*
		III (Dec- Jan)	O.D.	42	31	36	21	25	155	38.75	245	61.25
			I.D.	15	25	30	20	19	109	27.25	291	72.75*

A perda de instares do bicho-da-seda *A. mylitta* D., (Daba TV) da primeira colheita ao ar livre de 2009 foi de 48, 53, 36, 23 e 41, enquanto a perda de instares do bicho-da-seda *A. mylitta* D., (Daba TV) em interior foi de 19, 42, 38, 28 e 31 dos instares I, II, III, IV e V, respetivamente. A perda total na criação ao ar livre 201 foi de cerca de 50,25%, o número de casulos formados 199 em 400 bichos e a percentagem de produção de casulos 49,75%. A perda total no interior 158 foi de cerca de 39,5%, o número de casulos formados foi de 242 e a percentagem de produção de casulos foi de 60,5%.

95

A perda de instares do bicho-da-seda tasar *A. mylitta* D., (Daba TV) da segunda colheita ao ar livre de 2009 foi de 51, 32, 40, 21 e 25, enquanto a perda de instares do bicho-da-seda tasar criado em interior foi de 25, 28, 32, 25 e 18 dos instares I, II, III, IV e V, respetivamente. A perda total na criação ao ar livre de 169 foi de cerca de 42,25%, o número de casulos formados de 231 em 400 bichos e a percentagem de produção de casulos de 57,75%. A perda total no interior 128 foi de cerca de 32%, o número de casulos formados foi de 272 e a percentagem de produção de casulos foi de 68,0%.

A perda de instares do bicho-da-seda tasar *A. mylitta* D. (Daba TV) da terceira colheita de 2009, cultivada ao ar livre, foi de 42, 31, 36, 21 e 25, enquanto a perda de instares do bicho-da-seda tasar cultivado em interior foi de 15, 25, 30, 20 e 19 dos instares I, II, III, IV e V, respetivamente. A perda total na criação ao ar livre 155 foi de cerca de 38,75%, o número de casulos formados 245 em 400 bichos e a percentagem de produção de casulos 61,25%. A perda total no interior 109 foi de cerca de 27,25%, o número de casulos formados foi de 291 e a percentagem de produção de casulos foi de 72,75%.

Table 11: Rearing performance of outdoor and indoor reared tasar silkworm, *Antheraea mylitta* Drury, (Daba TV) during three crops of 2010.

Year	No of eggs	Crop	Rearing	I	II	III	IV	V	Total loss	% Loss	No of cocoons formed	% of cocoon produced
III (2010)	400	I (June-July)	O.D.	43	38	29	23	37	170	42.5	230	57.5
			I.D.	23	31	32	15	17	118	29.5	282	70.5*
		II (Aug – Sep)	O.D.	38	29	36	23	18	141	32.25	259	64.75
			I.D.	21	35	28	14	19	117	29.25	283	70.75*
		III (Dec- Jan)	O.D.	35	29	36	23	18	141	35.25	259	64.75
			I.D.	15	29	25	17	12	98	24.5	302	75.5*

A perda de instares do bicho-da-seda tasar *A. mylitta* D. (Daba TV) da primeira colheita ao ar livre de 2010 foi de 43, 38, 29, 23 e 37, enquanto a perda de instares do bicho-da-seda tasar criado em interior foi de 23, 31, 32, 15 e 17 dos instares I, II, III, IV e V, respetivamente. A perda total na criação ao ar livre 170 foi de cerca de 42,5%, o número de casulos formados 230 em 400 bichos e a percentagem de produção de casulos 57,5%. A perda total no interior 118 foi de cerca de 29,5%, o número de casulos formados foi de 282 e a percentagem de produção de casulos foi de 70,5%.

A perda de instares do bicho-da-seda *A. mylitta* D., (Daba TV) da segunda colheita de 2010, cultivada ao ar livre, foi de 38, 29, 36, 23 e 18, enquanto a perda de instares do bicho-da-seda *A. mylitta* D., (Daba TV) cultivada em recinto fechado foi de 21, 35, 28, 14 e 19 dos instares I, II, III, IV e V, respetivamente. A perda total na criação ao ar livre 141 foi de cerca de 32,25%, o número de casulos formados 259 em 400 bichos e a percentagem de produção de casulos 64,75%. A perda total no interior 117 foi de cerca de 29,25%, o número de casulos formados foi de 283 e a percentagem de produção de casulos foi de 70,75%.

A perda de instares do bicho-da-seda *A. mylitta* D., (Daba TV) da terceira colheita ao ar livre de 2010 foi de 35, 29, 36, 23 e 18, enquanto a perda de instares do bicho-da-seda *A. mylitta* D., (Daba TV) em interior foi de 15, 29, 25, 17 e 12 dos instares I, II, III, IV e V, respetivamente. A perda total na criação ao ar livre 141 foi de cerca de 35,25%, o número de casulos formados 259 em 400 bichos e a percentagem de produção de casulos 64,75%. A perda total no interior 98 foi de cerca de 24,5%, o número de casulos formados foi de 302 e a percentagem de produção de casulos foi de 75,5%.

Table 12: Mortality by parasites, pests and rain fall of tasar silkworm, *Antheraea mylitta* Drury, (Daba TV) during three crops of 2008.

Crop	Type of loss / Rearing	Bacterial	Viral	Fungal	Pebrine	Pests	Rain fall	Loss due to shifting	Total loss	% Loss
1	Outdoor	18	23	3	-	17	12	15	88	44.0
1	Indoor	15	19	6	-	2	-	18	60	30.0
2	Outdoor	28	42	5	6	18	10	30	139	46.3
2	Indoor	13	34	6	5	-	-	35	93	31.0
3	Outdoor	34	51	16	-	24	27	35	187	46.75
3	Indoor	20	42	5	-	2	-	41	110	27.5

A mortalidade por parasitas, pragas e precipitação do bicho-da-seda tasar, *A. mylitta* D. durante a criação de três anos foi apresentada na tabela 12, 13 e 14 de 2008, 2009 e 2010, respetivamente. No quadro 12, os factores que causaram a mortalidade e a perda de vermes na primeira colheita de criação ao ar livre foram: bacteriana (18), viral (23), fúngica (3), pebrina (zero), pragas (17), precipitação (12) e perda devido a deslocações (15). A perda total de minhocas foi de 88 em 200 minhocas e a percentagem de perda de minhocas foi de 44,0%. Enquanto a criação no interior foi bacteriana (15), viral (19), fúngica (6), pragas (2), perda devido a deslocação (18) e mortalidade nula por Pebrine e queda de chuva. As perdas totais de minhocas são 60 de 200 minhocas e a percentagem de perda foi de 30,0% (Fig. 54).

A mortalidade causada pela criação ao ar livre na segunda safra e a perda de minhocas foram causadas por fatores bacterianos (28), virais (42), fúngicos (5), pebrinos (6), pragas (18), chuvas (30) e perda devido a deslocamento (30). A perda total de minhocas foi de 139 em 300 minhocas e a percentagem de perda foi de 46,3%. Durante a criação em recintos fechados, a perda de minhocas foi causada por bactérias (13), vírus (34), fungos (6), pebrina (5), perda por deslocação (35) e perda nula observada por pragas e precipitação. Perda total de vermes 93 e percentagem de perda de vermes 31.0% (Fig. 55).

Os factores que causaram a mortalidade e a perda de minhocas na criação ao ar livre na terceira colheita foram os seguintes: bacterianos (34), virais (51), fúngicos (16), Pebrine (nulo), pragas (24), pluviosidade (27) e a perda devida à deslocação foi de 35. A perda total da criação ao ar livre foi de 187 dos 400 vermes e a sua percentagem é de 46,75%. Na criação em recintos fechados, a perda de minhocas por bactérias (20), vírus (42), fungos (5), pebrina (nula), pragas (2), precipitação (nula) e perda devida à deslocação foi de 41. A perda total de minhocas foi de 110 e a percentagem foi de 27,5% (Fig. 56).

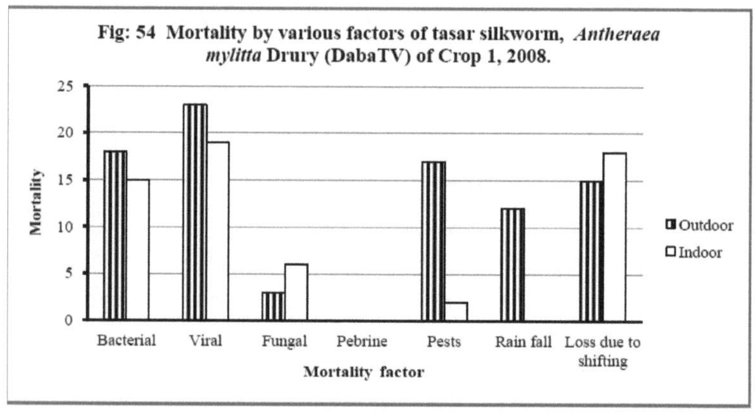

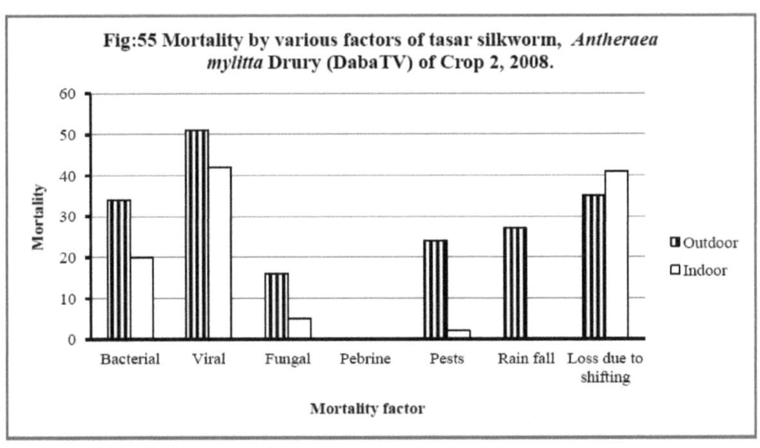

Fig:55 Mortality by various factors of tasar silkworm, *Antheraea mylitta* Drury (DabaTV) of Crop 2, 2008.

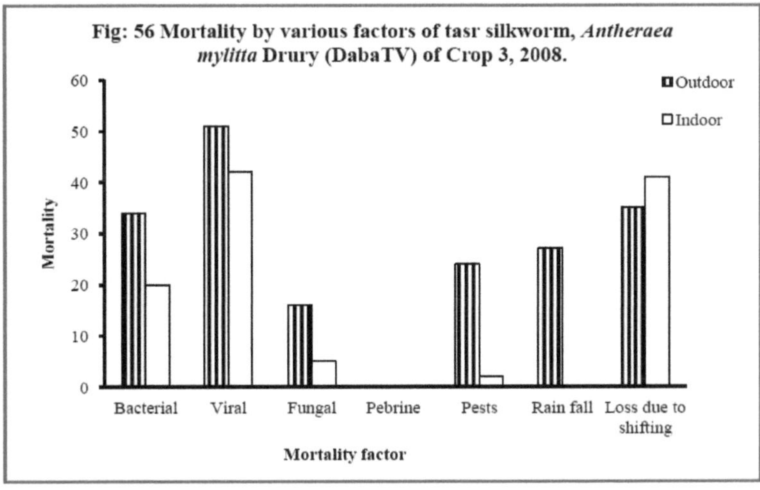

Fig: 56 Mortality by various factors of tasr silkworm, *Antheraea mylitta* Drury (DabaTV) of Crop 3, 2008.

Table 13: Mortality by parasites, pests and rain fall of tasar silkworm, *Antheraea mylitta* Drury, (Daba TV) during three crops of 2009.

Crop	Type of loss / Rearing	Bacterial	Viral	Fungal	Pebrine	Pests	Rain fall	Loss due to shifting	Total loss	% Loss
1	Outdoor	36	50	6	-	41	28	30	201	50.25
1	Indoor	44	47	8	-	3	-	55	158	39.5
2	Outdoor	32	51	5	-	25	21	35	169	42.25
2	Indoor	35	43	-	-	8	-	42	128	32.0
3	Outdoor	36	47	2	-	25	19	26	155	38.75
3	Indoor	20	35	10	-	7	-	37	109	27.25

Na tabela 13, os factores que causaram a mortalidade e a perda de minhocas na primeira colheita de criação ao ar livre são: bacteriana (36), viral (50), fúngica (6), pebrina (zero), pragas (41), precipitação (28) e perda devido a deslocação (30). A perda total de minhocas foi de 201 de 400 minhocas e a percentagem de perda de minhocas foi de 50,25%. Enquanto a criação em recinto fechado foi bacteriana (44), viral (47), fúngica (8), pragas (3), perda devido a deslocação (55) e mortalidade nula por Pebrine e queda de chuva.

A perda total de minhocas foi de 158 de 400 minhocas e a percentagem de perda foi de 39,5% (Fig. 57) .

Os factores que causaram a mortalidade e a perda de minhocas na criação ao ar livre na segunda colheita são: bacteriana (32), viral (51), fúngica (5), pebrina (Nulo), pragas (25), precipitação (21) e perda devido a deslocação (35). A perda total de minhocas foi de 169 em 400 minhocas e a percentagem de perda de minhocas foi de 42,25%. Enquanto a criação em interior foi bacteriana (35), viral (43), fúngica (nula), pragas (8), perda devido a deslocação (42) e mortalidade nula por Pebrine e queda de chuva. As perdas totais de minhocas são 128 de 400 minhocas e a percentagem de perda foi de 32,0% (Fig. 58) .

Os factores que causaram a mortalidade e a perda de minhocas na terceira cultura de criação ao ar livre são: bacteriana (36), viral (47), fúngica (2), pebrina (Nulo), pragas (25), precipitação (19) e perda devido a deslocação (26). A perda total de minhocas foi de 155 de um total de 400 minhocas e a percentagem de perda de minhocas foi de 38,75%. Enquanto a criação em interior foi bacteriana (20), viral (35), fúngica (10), pragas (7), perda devido a deslocação (37) e mortalidade nula por Pebrine e queda de chuva. As perdas totais de minhocas são 109 de 400 minhocas e a percentagem de perda foi de 27,25% (Fig. 59) .

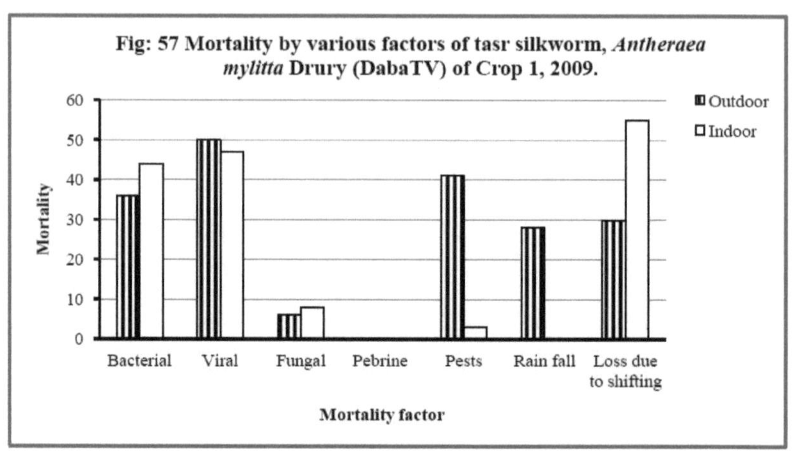

Fig: 57 Mortality by various factors of tasr silkworm, *Antheraea mylitta* Drury (DabaTV) of Crop 1, 2009.

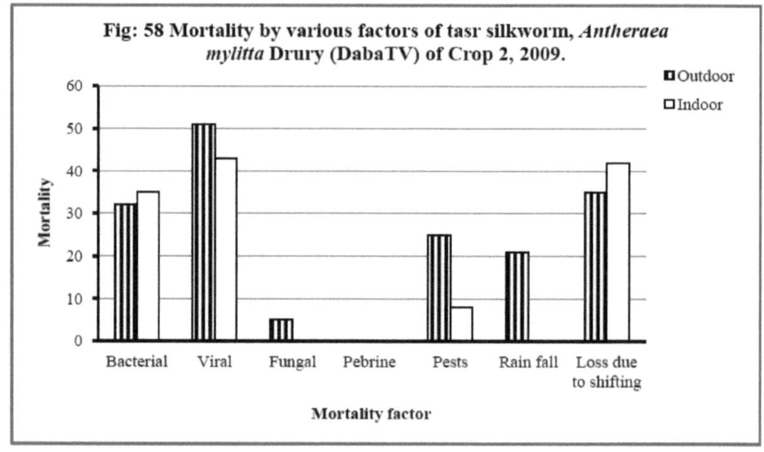

Fig: 58 Mortality by various factors of tasr silkworm, *Antheraea mylitta* Drury (DabaTV) of Crop 2, 2009.

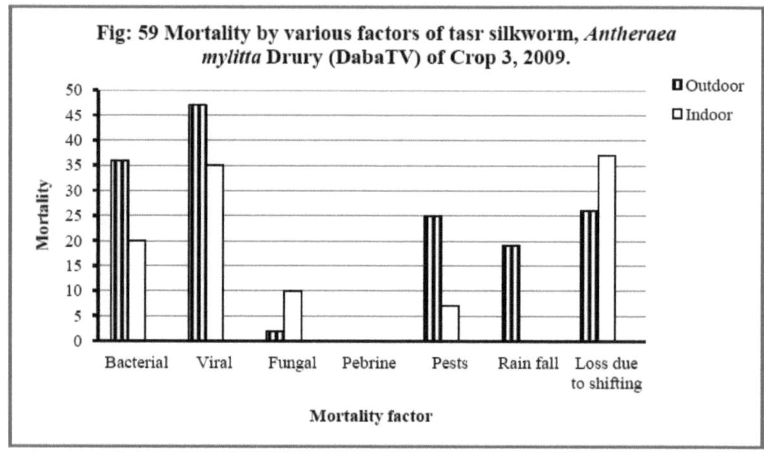

Fig: 59 Mortality by various factors of tasr silkworm, *Antheraea mylitta* Drury (DabaTV) of Crop 3, 2009.

Table 14: Mortality by parasites, pests and rain fall of tasar silkworm, *Antheraea mylitta* Drury, (Daba TV) during three crops of 2010.

Crop	Rearing	Bacterial	Viral	Fungal	Pebrine	Pests	Rain fall	Loss due to shifting	Total loss	% Loss
1	Outdoor	38	43	9	-	37	20	23	170	42.5
	Indoor	28	38	12	-	3	-	37	118	29.5
2	Outdoor	35	42	5	6	31	10	30	153	38.25
	Indoor	26	34	6	5	2	-	40	117	29.25
3	Outdoor	34	41	6	-	18	17	25	141	32.25
	Indoor	30	30	5	-	2	-	31	98	24.5

Na tabela 14, os factores que causaram a mortalidade e a perda de minhocas na primeira colheita de criação ao ar livre foram: bacteriana (38), viral (43), fúngica (9), pebrina (zero), pragas (37), precipitação (20) e perda devido a deslocação (23). A perda total de minhocas foi de 170 em 400 minhocas e a percentagem de perda de minhocas foi de 42,25%. Enquanto a criação no interior foi bacteriana (28), viral (38), fúngica (12), pragas (3), perda devido a deslocação (37) e mortalidade nula por Pebrine e queda de chuva. A perda total de minhocas foi de 118 em 400 minhocas e a percentagem de perda foi de 29,5% (Fig. 60) .

A mortalidade causada pela criação ao ar livre na segunda colheita e a perda de minhocas foram causadas por factores bacterianos (35), virais (42), fúngicos (5), pebrinos (6), pragas (31), chuvas (10) e perda devido a deslocações (30). A perda total de minhocas foi de 153 em 400 minhocas e a percentagem de perda de minhocas foi de 38,25%. Enquanto a criação em interior foi bacteriana (26), viral (34), fúngica (6), pragas Pebrine (5) (2), perda devido a deslocação (40) e mortalidade nula por Pebrine e queda de chuva. As perdas totais de minhocas são 117 de 400 minhocas e a percentagem de perda foi de 29,25% (Fig. 61) .

Os factores que causaram a mortalidade e a perda de minhocas na terceira cultura de criação ao ar livre foram: bacteriana (34), viral (41), fúngica (6), pebrina (zero), pragas (18), precipitação (17) e perda devido a deslocação (25). A perda total de minhocas foi de 141 em 400 minhocas e a percentagem de perda de minhocas foi de 32,25%. Enquanto a criação em interior foi bacteriana (30), viral (30), fúngica (5), pragas (2), perda devido a deslocação (31) e mortalidade nula por Pebrine e queda de chuva. As perdas totais de minhocas são 98 de 400 minhocas e a percentagem de perda foi de 24,5% (Fig. 62).

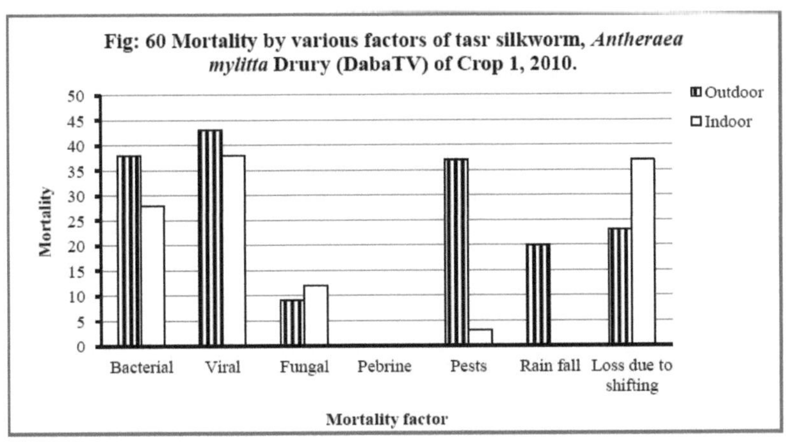

Fig: 60 Mortality by various factors of tasr silkworm, *Antheraea mylitta* Drury (DabaTV) of Crop 1, 2010.

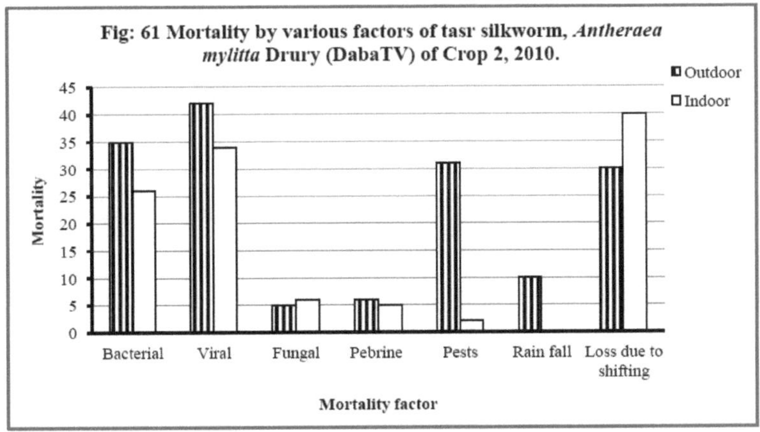

Fig: 61 Mortality by various factors of tasr silkworm, *Antheraea mylitta* Drury (DabaTV) of Crop 2, 2010.

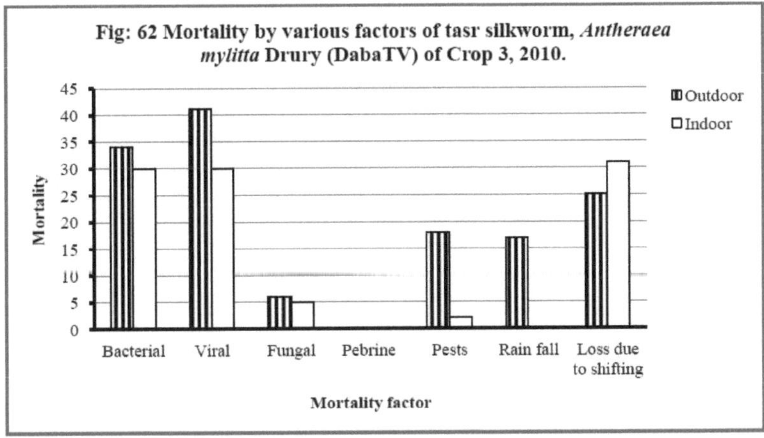

Fig: 62 Mortality by various factors of tasr silkworm, *Antheraea mylitta* Drury (DabaTV) of Crop 3, 2010.

Tabela: 15 Período larvar instar-wise do bicho-da-seda tasar, _Antheraea mylitta_ Drury (Daba TV), durante três safras de 2008-2010.

Ano	Cultura	Rearing	1st instar	2nd instar	3rd instar	4th instar	5th instar	Total
I (2008)	I (junho-julho)	Ao ar livre	4	5	4	6	15	34
		Interior	4	4	4	6	12	30
	II (agosto - setembro)	Ao ar livre	3	3	4	8	15	33
		Interior	3	4	4	7	13	31
	III (dezembro-janeiro)	Ao ar livre	5	4	6	11	16	42
		Interior	4	4	5	6	12	31
II (2009)	I (junho-julho)	Ao ar livre	4	3	7	9	13	36
		Interior	4	3	5	7	12	31
	II (agosto - setembro)	Ao ar livre	5	4	6	7	17	39
		Interior	4	3	5	8	12	32
	III (dezembro-janeiro)	Ao ar livre	5	8	8	13	16	50
		Interior	4	4	7	11	13	39
III (2010)	I (junho-julho)	Ao ar livre	4	4	7	9	14	38
		Interior	4	3	6	11	15	39
	II (agosto - setembro)	Ao ar livre	4	4	5	5	15	33
		Interior	3	4	6	7	13	33
	III (dezembro-janeiro)	Ao ar livre	5	5	7	9	15	41
		Interior	5	4	7	8	13	37

O período larvar do bicho-da-seda tasar, _A. mylitta_ D. (Daba TV) durante os três anos 2008-2010, três colheitas por ano mencionadas na tabela 15. Na primeira colheita de 2008, a duração das larvas de criação no exterior foi de 4, 5, 4, 6 e 15 instares, enquanto a duração das larvas de criação no interior foi de 4, 4, 4, 6 e 12 instares I, II, III, IV e V, respetivamente. A duração total das larvas na criação no exterior foi de 34 e na criação no interior foi de 30.

Na segunda colheita de 2008, a duração das larvas no exterior foi de 3, 3, 4, 8 e 15 instares, enquanto no interior foi de 3, 4, 4, 7 e 13 instares I, II, III, IV e V, respetivamente. A duração larvar total da criação no exterior foi de 36 e a da criação no interior foi de 31

Na terceira colheita de 2008, a duração das larvas no exterior foi de 5, 4, 6, 11 e 16 instares, enquanto no interior foi de 4, 4, 5, 6 e 12 instares I, II, III, IV e V, respetivamente. A duração larvar total da criação no exterior foi de 42 e a da criação no interior foi de 31.

Na primeira colheita de 2009, a duração das larvas no exterior foi de 4, 3, 7, 9 e 13 instares, enquanto no interior foi de 4, 3, 5, 7 e 12 instares I, II, III, IV e V, respetivamente. A duração total das larvas na criação no exterior foi de 36 e na criação no interior foi de 31.

Na segunda colheita de 2009, a duração das larvas em instares de criação no exterior foi de 5, 4, 6, 7 e 17, enquanto a criação no interior foi de 4, 3, 5, 8 e 12 instares I, II, III, IV e V, respetivamente. A duração total das larvas na criação no exterior foi de 39 e na criação no interior foi de 32.

Na terceira colheita de 2009, a duração das larvas em instares de criação no exterior foi de 5, 4, 6, 7 e 17, enquanto a criação no interior foi de 4, 3, 5, 8 e 12 instares I, II, III, IV e V, respetivamente. A duração larvar total da criação no exterior foi de 50 e a da criação no interior foi de 39.

Na primeira colheita de 2010, a duração das larvas no exterior foi de 4, 4, 7, 9 e 14 instares, enquanto no interior foi de 4, 3, 6, 11 e 15 instares I, II, III,

IV e V, respetivamente. A duração total das larvas na criação no exterior foi de 38 e na criação no interior foi de 39.

Na segunda colheita de 2010, a duração das larvas no exterior foi de 4, 4, 5, 5 e 15 instares, enquanto no interior foi de 3, 4, 6, 7 e 13 instares I, II, III, IV e V, respetivamente. A duração larvar total da criação no exterior e no interior foi de 33.

Na terceira colheita de 2010, a duração das larvas no exterior foi de 5, 5, 7, 9 e 15 instares, enquanto no interior foi de 5, 4, 7, 8 e 13 instares I, II, III, IV e V, respetivamente. A duração total das larvas na criação no exterior foi de 41 e na criação no interior foi de 37.

Tabela: 16 Período de muda do bicho-da-seda tasar, *Antheraea mylitta* Drury (Daba TV), durante três safras de 2008-2010 (em Horas).

Ano	Cultura	Criação	1 moult[st]	2nd muda	3 moult[rd]	4 moult[th]	Duração total em horas
I (2008)	I (junho-julho)	Ao ar livre	21	26	24	27	98
		Interior	24	24	24	26	98
	II (agosto - setembro)	Ao ar livre	23	25	26	28	102
		Interior	23	24	24	27	98
	III (dezembro-janeiro)	Ao ar livre	35	34	36	40	145
		Interior	24	26	25	26	101
II (2009)	I (junho-julho)	Ao ar livre	24	23	27	29	103
		Interior	24	23	25	27	99
	II (agosto - setembro)	Ao ar livre	25	24	28	30	107
		Interior	24	27	25	28	104

III		Ao ar livre	25	38	42	43	148
(dezembro-janeiro)		Interior	24	34	37	31	126
III (2010)	I (junho-julho)	Ao ar livre	34	24	27	29	114
		Interior	24	23	26	31	104
	II (agosto - setembro)	Ao ar livre	34	34	35	42	145
		Interior	23	34	28	27	112
	III (dezembro-janeiro)	Ao ar livre	35	35	47	48	165
		Interior	25	34	37	38	134

O período de muda do bicho-da-seda tasar, *A. mylitta* D. (Daba TV) de criação ao ar livre e em recinto fechado durante 2008-2010 foi mencionado no quadro 16, em termos de duração da muda em horas. Na primeira colheita de 2008, os períodos de muda da criação ao ar livre foram de 21, 26, 24, 27 e 98, ao passo que os períodos de muda em recinto fechado foram de 24, 24, 24, 26 e 98 de 1, 2, 3, 4th muda e duração total, respetivamente.

Na segunda colheita de 2008, os períodos de muda no exterior foram 23, 25, 26, 28 e 102, enquanto os períodos de muda no interior foram 23, 24, 24, 27 e 98 de 1,

2, 3, 4th muda e duração total, respetivamente.

Na terceira colheita de 2008, os períodos de muda no exterior foram de 35, 34, 36, 40 e 145, enquanto os períodos de muda no interior foram de 24, 26, 25, 26 e 101 de 1, 2,

3, 4th muda e duração total, respetivamente.

Na primeira colheita de 2009, os períodos de muda no exterior foram de

24, 23, 27, 29 e 103, enquanto os períodos de muda no interior foram de 24, 23, 25, 27 e 99 de 1, 2, 3, 4th muda e duração total, respetivamente.

Na segunda colheita de 2009, os períodos de muda no exterior foram de 25, 24, 28, 30 e 107, enquanto os períodos de muda no interior foram de 24, 27, 25, 28 e 104 de 1, 2, 3, 4th muda e duração total, respetivamente.

Na terceira colheita de 2009, os períodos de muda no exterior foram de 25, 38, 42, 43 e 148, enquanto os períodos de muda no interior foram de 24, 34, 37, 31 e 126 de 1, 2, 3, 4th muda e duração total, respetivamente.

Os períodos de muda da primeira colheita de 2010 no exterior foram 34, 24, 27, 29 e 114, enquanto os períodos de muda no interior foram 24, 23, 26, 31 e 104 de 1, 2, 3, 4th muda e duração total, respetivamente.

Na segunda colheita de 2010, os períodos de muda no exterior foram de 34, 34, 35, 42 e 145, enquanto os períodos de muda no interior foram de 23, 34, 28, 27 e 112 de 1, 2, 3, 4th muda e duração total, respetivamente.

Na terceira colheita de 2010, os períodos de muda no exterior foram de 35, 35, 47, 48 e 165, enquanto os períodos de muda no interior foram de 25, 34, 37, 38 e 134 de 1, 2, 3, 4th muda e duração total, respetivamente.

Table 17: Instar-wise average larval weights in grams, of outdoor and indoor reared tasar silkworm, *Antheraea mylitta* Drury, (Daba TV) during three crops of 2008.

Year	Crop	Rearing Method	Instar-wise average weights				
			I	II	III	IV	V
I (2008)	I (June-July)	Outdoor	0.213 ± 0.11	2.124 ± 0.19	4.892 ± 0.25	8.163± 1.76	24.71 ± 7.05
		Indoor	0.216 ± 0.12	2.092 ± 0.12	4.615± 0.33	7.012± 2.07	20.42 ± 6.39
	II (Aug – Sep)	Outdoor	0.253 ± 0.16	2.445 ± 0.36	4.837± 0.48	9.242± 1.91	24.56 ± 1.81
		Indoor	0.250 ± 0.16	2.396 ± 0.38	4.737 ± 0.3	8.135± 1.93	21.57 ± 4.94
	III (Dec- Jan)	Outdoor	0.310 ± 0.19	1.935 ± 1.18	5.638 ± 0.94	9.348± 0.97	26.31 ± 6.57
		Indoor	0.249 ± 0.27	1.902 ± 1.04	4.963 ± 0.76	8.135± 0.94	22.13 ± 4.97

Os pesos larvares médios por instar e o seu desvio padrão da criação ao ar livre e em recinto fechado durante três anos para três colheitas de 2008 - 2010 foram registados e apresentados nos quadros 17, 18 e 19. Os pesos médios das larvas da primeira colheita e o seu desvio padrão do bicho-da-seda tasar, *A. mylitta* D. (Daba TV), criados ao ar livre em 2008, foram 0,213 ± 0,11 (S. D), 2,124 ± 0,19 (S. D), 4,892 ± 0,25 (S. D), 8,163 ± 1,76 (S. D) e 24.71 ± 7,05 (S. D), enquanto que os da criação em recinto fechado foram 0,216 ± 0,12 (S. D), 2,092 ± 0,12 (S. D), 4,615 ± 0,33 (S. D), 7,012 ± 2,07 (S. D) e 20,42 ± 6,39 (S. D) dos instares I, II, III, IV e V, respetivamente (Fig. 63).

Os pesos médios das larvas da segunda colheita e o seu desvio-padrão do bicho-da-seda tasar, *A. mylitta* D., criados no exterior em 2008, foram 0,253 ± 0,16 (S. D), 2,445 ± 0,36 (S. D), 4,837 ± 0,48 (S. D), 9,242 ± 1,91 (S. D) e 24.56 ± 1,81 (S. D), enquanto que os da criação em recinto fechado foram 0,250 ± 0,16 (S. D), 2,396 ± 0,38 (S. D), 4,737 ± 0,3 (S. D), 8,135 ± 1,93 (S. D) e 21,57 ± 4,94 (S. D) do I, II, III, IV e V instar, respetivamente (Fig. 64).

Os pesos médios das larvas da terceira colheita e o seu desvio-padrão do bicho-da-seda tasar, *A. mylitta* D., criados no exterior em 2008, foram 0,310 ± 0,19 (S. D), 1,935 ± 1,18 (S. D), 5,638 ± 0,94 (S. D), 9,348 ± 0,97 (S. D) e 26.31 ± 6,57 (S. D), enquanto que os da criação em recinto fechado foram 0,249± 0,27 (S. D), 1,902 ± 1,04 (S. D), 4,963 ± 0,76 (S. D), 8,135 ± 0,94 (S. D) e 22,13 ± 4,97 (S. D) do I, II, III, IV e V instar, respetivamente (Fig. 65).

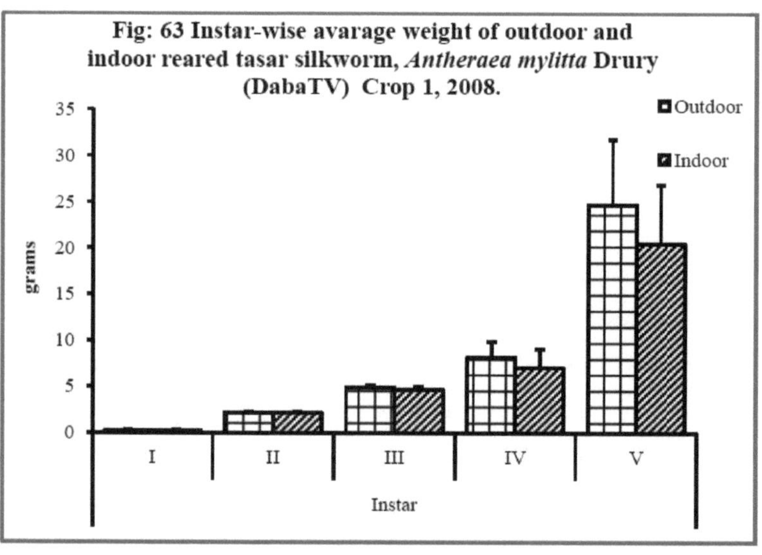

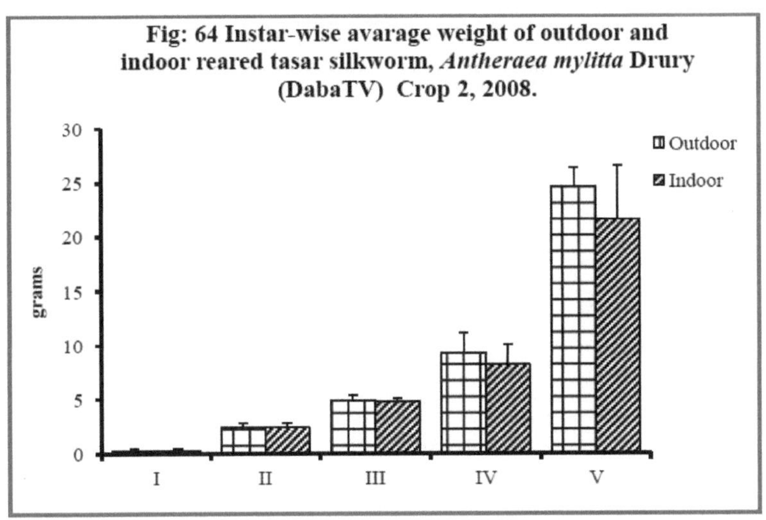

Fig: 64 Instar-wise avarage weight of outdoor and indoor reared tasar silkworm, *Antheraea mylitta* Drury (DabaTV) Crop 2, 2008.

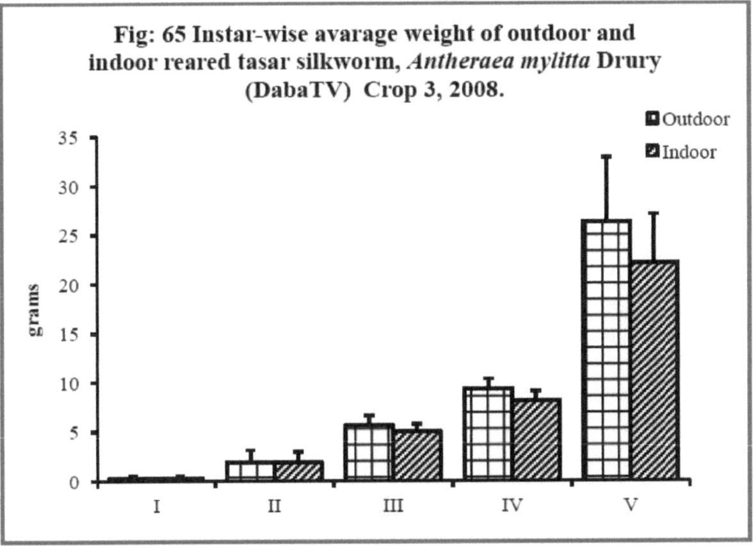

Fig: 65 Instar-wise avarage weight of outdoor and indoor reared tasar silkworm, *Antheraea mylitta* Drury (DabaTV) Crop 3, 2008.

115

Table 18: Average larval weight in grams, of outdoor and indoor reared tasar silkworm, *Antheraea mylitta* Drury, during three crops of 2009.

Year	Crop	Rearing Method	Instar wise average weights				
			I	II	III	IV	V
II (2009)	I (June-July)	Outdoor	0.193 ± 0.14	2.312 ± 0.11	4.712 ± 0.4	8.215 ± 1.75	25.33 ± 4.33
		Indoor	0.184 ± 0.14	2.136 ± 0.04	4.213 ± 0.39	7.816 ± 1.44	20.91 ± 4.71
	II (Aug – Sep)	Outdoor	0.213 ± 0.29	2.291 ± 0.33	5.625 ± 1.47	9.135 ± 1.5	24.69 ± 6.23
		Indoor	0.203 ± 0.18	2.526 ± 0.52	4.134 ± 0.84	8.312 ± 1.61	20.2 ± 4.17
	III (Dec- Jan)	Outdoor	0.312 ± 0.0	4.012 ± 0.07	6.314 ± 0.34	9.514 ± 1.26	26.43 ± 7.9
		Indoor	0.213 ± 0.0	3.810 ± 0.05	5.415 ± 0.24	8.322 ± 1.12	21.91 ± 6.12

Os pesos larvares médios da primeira colheita e o respetivo desvio-padrão do bicho-da-seda tasar, *A. mylitta* D., criados ao ar livre em 2009, foram 0,193 ± 0,14 (S. D), 2,312 ± 0,11 (S. D), 4,712 ± 0,4 (S. D), 8,215 ± 1,75 (S. D) e 25,33 ± 4,33 (S. D), enquanto os da criação em recinto fechado foram

0,249 ± 0,27 (S. D), 2,136 ±

0,04 (S. D), 4,213 ± 0,39 (S. D), 7,816 ± 1,44 (S. D) e 20,91 ± 4,71 (S. D) do I, II, III, IV e V instar, respetivamente (Fig. 66).

Os pesos médios das larvas da segunda colheita e o seu desvio-padrão do bicho-da-seda tasar, *A. mylitta* D., criados no exterior em 2009, foram 0,213 ± 0,29 (S. D), 2,291 ± 0,33 (S. D), 5,625 ± 1,47 (S. D), 9,135 ± 1,5 (S. D) e 24.69 ± 6,23 (S. D), enquanto que os da criação em recinto fechado foram 0,203 ± 0,18 (S. D), 2,526 ± 0,52 (S. D), 4,134 ± 0,84 (S. D), 8,312 ± 1,61 (S. D) e 20,2 ± 4,17 (S. D) do I, II, III, IV e V instar, respetivamente (Fig. 67).

Os pesos médios das larvas da terceira colheita e o seu desvio-padrão do bicho-da-seda tasar, *A. mylitta* D., criados no exterior em 2009, foram 0,312 ± 0,0 (S. D), 4,012 ± 0,07 (S. D), 6,314 ± 0,34 (S. D), 9,514 ± 1,26 (S. D) e 26.43 ± 7,9 (S. D), enquanto que os da criação em recinto fechado foram 0,213 ± 0,0 (S. D), 3,810 ± 0,05 (S. D), 5,415 ± 0,24 (S. D), 8,322 ± 1,12 (S. D) e 21,91 ± 6,12 (S. D) dos instares I, II, III, IV e V, respetivamente (Fig. 68).

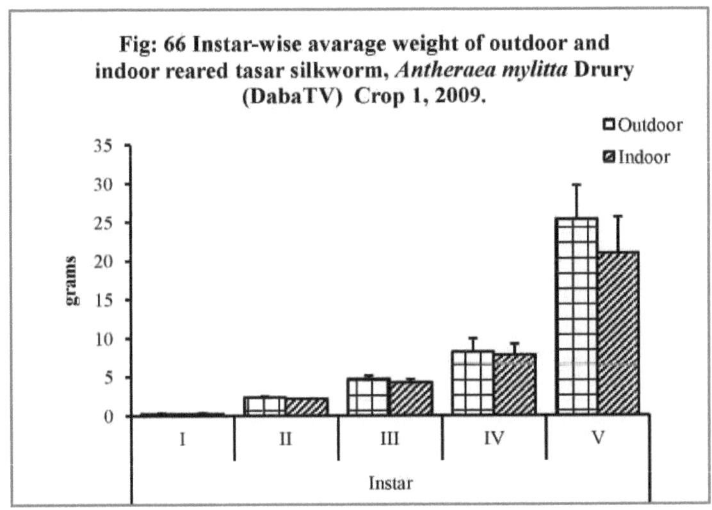

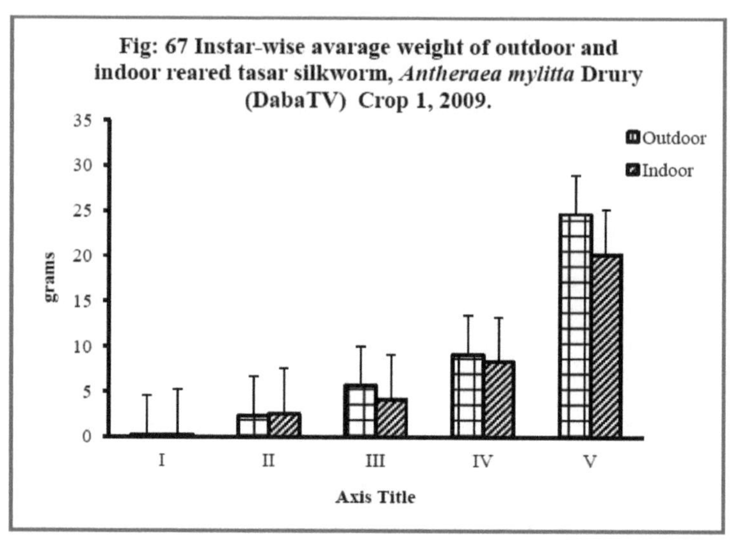

Fig: 67 Instar-wise avarage weight of outdoor and indoor reared tasar silkworm, *Antheraea mylitta* Drury (DabaTV) Crop 1, 2009.

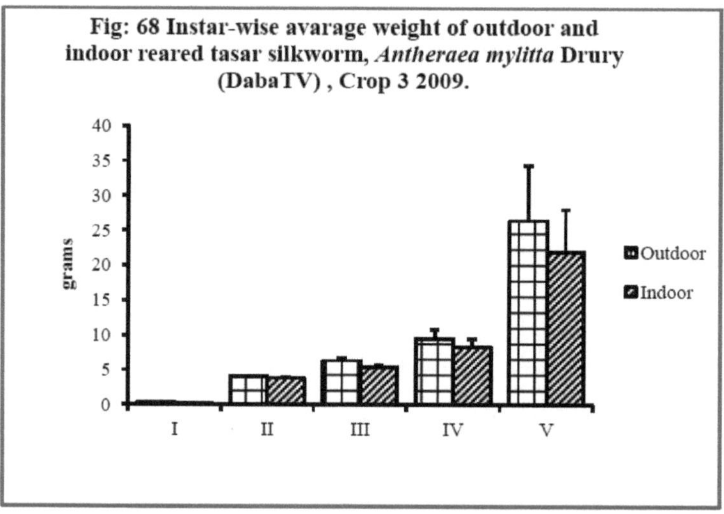

Fig: 68 Instar-wise avarage weight of outdoor and indoor reared tasar silkworm, *Antheraea mylitta* Drury (DabaTV) , Crop 3 2009.

Table 19: Instar-wise average larval weights in grams, of outdoor and indoor reared tasar silkworm, *Antheraea mylitta* Drury (DabaTV), during three crops of 2010.

Year	Crop	Rearing Method	Instar wise average weights				
			I	II	III	IV	V
III (2010)	I (June-July)	Outdoor	0.235 ± 0.01	2.132 ± 0.31	4.813 ± 0.35	8.418 ± 1.23	24.11 ± 7.27
		Indoor	0.224 ± 0.02	1.985 ± 0.32	4.522 ± 0.35	7.713 ± 1.09	20.13 ± 6.45
	II (Aug – Sep)	Outdoor	0.192 ± 0.01	2.215 ± 0.07	4.522 ± 0.31	8.635 ± 1.75	25.01 ± 6.92
		Indoor	0.190 ± 0.01	2.189 ± 0.08	4.110 ± 0.36	7.921 ± 1.65	20.62 ± 5.19
	III (Dec- Jan)	Outdoor	0.215 ± 0.03	2.312 ± 0.14	4.013 ± 0.47	9.215 ± 1.82	26.51 ± 7.52
		Indoor	0.201 ± 0.03	2.103 ± 0.14	3.910 ± 0.58	8.129 ± 1.43	21.43 ± 6.69

Os pesos médios das larvas da primeira colheita e o respetivo desvio padrão do bicho-da-seda tasar, *A. mylitta* D., criados no exterior em 2010, foram 0,235 ± 0,01 (S. D), 2,132 ± 0,31 (S. D), 4,813 ± 0,35 (S. D), 8,418 ± 1,23 (S. D) e 24.11 ± 7,27 (S. D), enquanto que os da criação em recinto fechado foram 0,224 ± 0,02 (S. D), 31,985 ± 0,32 (S. D), 4,522 ± 0,35 (S. D), 7,713

± 1,09 (S. D) e 20,13 ± 6,45 (S. D) dos instares I, II, III, IV e V, respetivamente (Fig. 69).

Os pesos médios das larvas da segunda colheita e o respetivo desvio padrão do bicho-da-seda tasar, *A. mylitta* D., criados no exterior em 2010, foram 0,192 ± 0,01 (S. D), 2,215 ± 0,07 (S. D), 4,522 ± 0,31 (S. D), 8,635 ± 1,75 (S. D) e 25.01 ± 6,92 (S. D), enquanto que os da criação em recinto fechado foram de 0,190 ± 0,01 (S. D), 2,189 ± 0,08 (S. D), 4,110 ± 0,36 (S. D), 7,921 ± 1,65 (S. D) e 20,62 ± 5,19 (S. D) do I, II, III, IV e V instar, respetivamente (Fig. 70).

Os pesos médios das larvas da terceira colheita e o respetivo desvio padrão do bicho-da-seda tasar, *A. mylitta* D., criados no exterior em 2010, foram de 00,215 ± 0,03 (S. D), 2,312 ± 0,14 (S. D), 4,013 ± 0,47 (S. D), 9,215 ± 1,82 (S. D) e 26.51 ± 7,52 (S. D), enquanto que os da criação em recinto fechado foram 0,201 ± 0,03 (S. D), 2,103 ± 0,14 (S. D), 3,910 ± 0,58 (S. D), 8,129 ± 1,43 (S. D) e 21,43 ± 6,69 (S. D) do I, II, III, IV e V instar, respetivamente (Fig. 71).

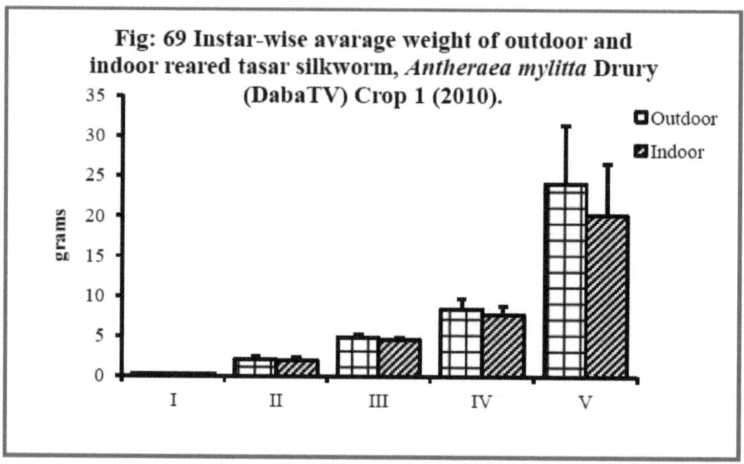

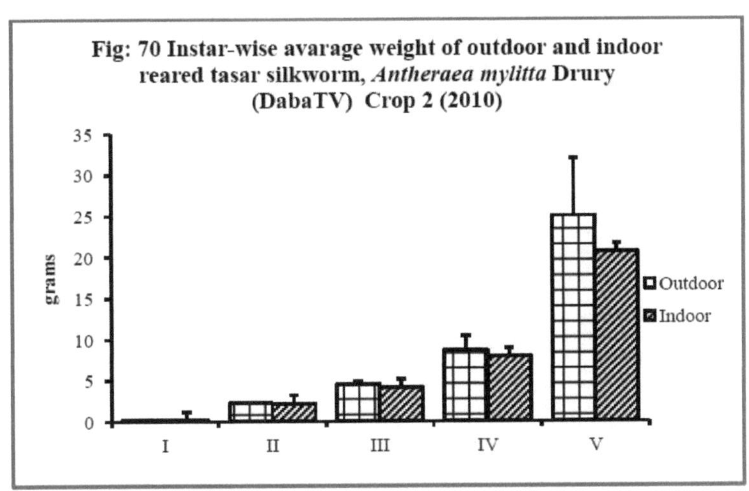

Fig: 70 Instar-wise avarage weight of outdoor and indoor reared tasar silkworm, *Antheraea mylitta* Drury (DabaTV) Crop 2 (2010)

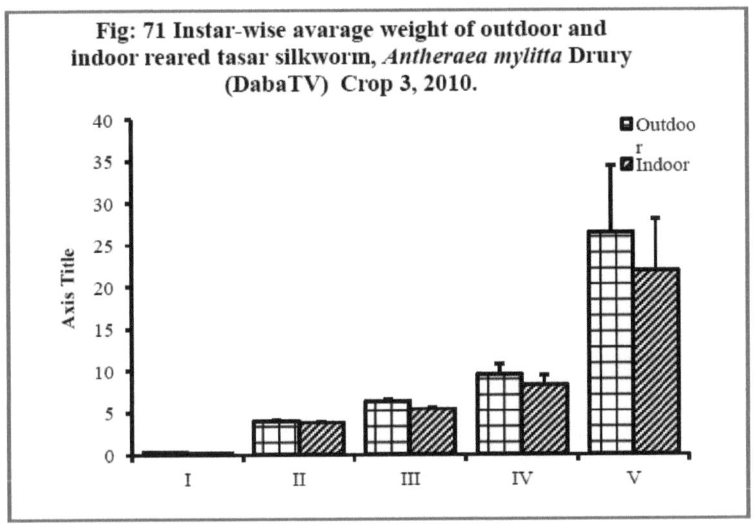

Fig: 71 Instar-wise avarage weight of outdoor and indoor reared tasar silkworm, *Antheraea mylitta* Drury (DabaTV) Crop 3, 2010.

Table 20: Instar-wise average larval length, of outdoor and indoor reared tasar silkworm, *Antheraea mylitta* Drury (DabaTV), during three crops of 2008.

Year	Crop	Rearing Method	Instar				
			I	II	III	IV	V
I (2008)	I (June-July)	Outdoor	1.05 ± 0.36	1.9 ± 0.5	3.77 ± 0.66	6.11 ± 0.87	10.4 ± 1.49
		Indoor	1.05 ± 0.36	1.9 ± 0.5	4.25 ± 0.78	6.8 ± 1.18	11.3 ± 1.26
	II (Aug – Sep)	Outdoor	1.2 ± 0.3	2.46 ± 0.7	4.07 ± 0.4	6.16 ± 0.82	8.98 ± 0.88
		Indoor	1.2 ± 0.3	2.43 ± 0.66	3.97 ± 0.37	6.22 ± 0.76	9.16 ± 0.94
	III (Dec- Jan)	Outdoor	1.17 ± 0.39	2.52 ± 0.17	3.43 ± 0.44	5.17 ± 0.78	9.78 ± 1.64
		Indoor	1.05 ± 0.23	2.15 ± 0.7	3.63 ± 0.48	5.02 ± 0.66	9.46 ± 1.62

O comprimento larvar médio por instar e o seu desvio padrão do bicho-da-seda tasar, *A. mylitta* D. (Daba TV) durante as três colheitas de 2008 - 2010 foram registados e apresentados nos quadros 20, 21 & 22.

O comprimento médio das larvas da primeira colheita e o seu desvio-padrão do bicho-da-seda tasar, *A. mylitta* D., criado no exterior em 2008, foram de 1,05 ± 0,36 (S. D), 1,9 ± 0,5 (S. D), 3,77 ± 0,66 (S. D), 6,11 ± 0,87 (S. D) e 10.4 ± 1,49 (S. D), enquanto que os da criação em recinto fechado foram de 1,05 ± 0,36 (S. D), 1,9 ± 0,5 (S. D), 4,25 ± 0,78 (S. D), 6,8 ± 1,18 (S. D) e 11,3 ± 1,26 (S. D) do I, II, III, IV e V instar, respetivamente (Fig. 72).

O comprimento médio das larvas da segunda colheita e o seu desvio-padrão do bicho-da-seda tasar, *A. mylitta* D., criado no exterior em 2008-2009, foram de 1,2 ± 0,3 (S. D), 2,46 ± 0,7 (S. D), 4,07 ± 0,4 (S. D), 6,16 ± 0,82 (S. D) e 8.98 ± 0,88 (S. D), enquanto que os da criação em recinto fechado foram de 1,2 ± 0,3 (S. D), 1,9 ± 0,5 (S. D), 2,43 ± 0,66 (S. D), 3,97 ± 0,37 (S. D) e 9,16 ± 0,94 (S. D) do I, II, III, IV e V instar, respetivamente (Fig. 73).

O comprimento médio das larvas da terceira colheita e o seu desvio-padrão do bicho-da-seda tasar, *A. mylitta* D., criado no exterior em 2008, foram de 1,17 ± 0,39 (S. D), 2,52 ± 0,17 (S. D), 3,43 ± 0,44 (S. D), 5,17 ± 0,78 (S. D) e 9.78 ± 1,64 (S. D), enquanto que os da criação em recinto fechado foram de 1,05 ± 0,23 (S. D), 2,15 ± 0,7 (S. D), 3,63 ± 0,48 (S. D), 5,02 ± 0,66 (S. D) e 9,46 ± 1,62 (S. D) do I, II, III, IV e V instar, respetivamente (Fig. 74).

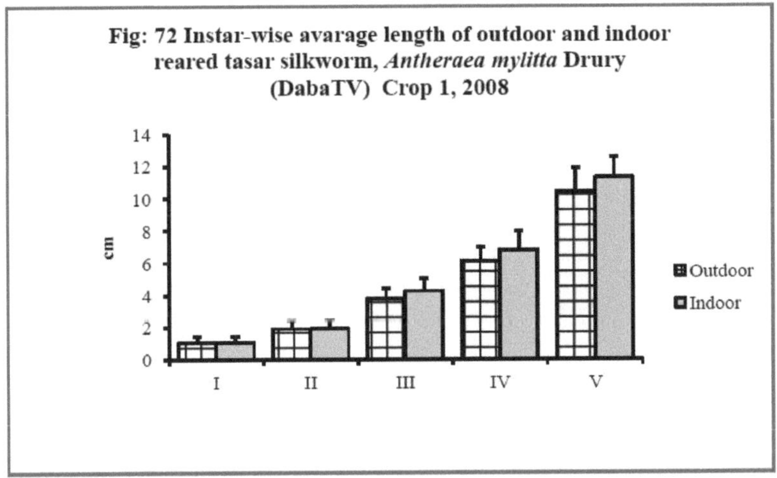

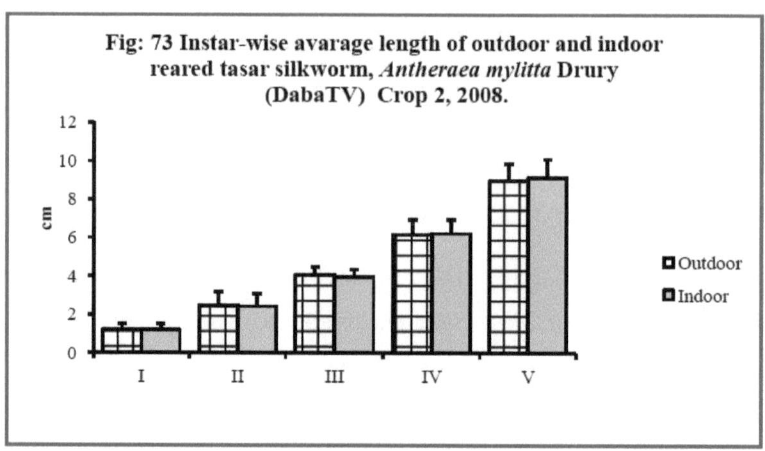

Fig: 73 Instar-wise avarage length of outdoor and indoor reared tasar silkworm, *Antheraea mylitta* Drury (DabaTV) Crop 2, 2008.

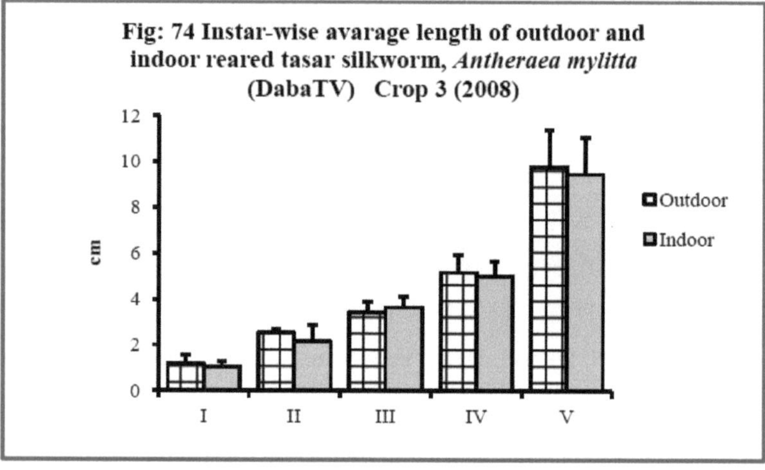

Fig: 74 Instar-wise avarage length of outdoor and indoor reared tasar silkworm, *Antheraea mylitta* (DabaTV) Crop 3 (2008)

Table 21: Instar-wise average larval length, of outdoor and indoor reared tasar silkworm, *Antheraea mylitta* Drury, during three crops of 2009.

Year	Crop	Rearing Method	Instar				
			I	II	III	IV	V
II (2009)	I (June-July)	Outdoor	1.37 ± 0.53	2.78 ± 0.54	4.425 ± 0.55	6.56 ± 1.11	9.95 ± 0.91
		Indoor	1.37 ± 0.53	2.76 ± 0.48	3.97 ± 0.35	6.16 ± 1.06	9.3 ± 1.26
	II (Aug – Sep)	Outdoor	1.2 ± 0.4	1.77 ± 0.17	2.95 ± 0.5	5.32 ± 0.86	10.14 ± 1.5
		Indoor	1.16 ± 0.32	1.9 ± 0.25	3.45 ± 0.67	5.57 ± 0.8	10.06 ± 1.18
	III (Dec- Jan)	Outdoor	1.11 ± 0.23	1.83 ± 0.42	3.3 ± 0.72	5.56 ± 0.51	9.22 ± 1.79
		Indoor	0.95 ± 0.14	1.51 ± 0.37	2.77 ± 0.52	4.78 ± 0.59	8.28 ± 1.86

O comprimento médio das larvas da primeira colheita e o seu desvio-padrão do bicho-da-seda tasar, *A. mylitta* D., criado no exterior em 2009, foram de 1,37 ± 0,53 (S. D), 2,78 ± 0,54 (S. D), 4,42 ± 0,55 (S. D), 6,56 ± 1,11 (S. D) e 9.95 ± 0,91 (S. D), enquanto que os da criação em recinto fechado foram de 1,37 ± 0,53 (S. D), 2,76 ± 0,48 (S. D), 3,975 ± 0,35 (S. D), 6,16 ± 1,06 (S. D) e 9,3 ± 1,26 (S. D) dos instares I, II, III, IV e V, respetivamente (Fig. 75).

O comprimento médio das larvas da segunda colheita e o seu desvio-padrão do bicho-da-seda tasar, *A. mylitta* D., criado no exterior em 2009, foram de 1,2 ± 0,4 (S. D), 1,77 ± 0,17 (S. D), 2,95 ± 0,5 (S. D), 5,32 ± 0,86 (S. D) e 10.14 ± 1,5 (S. D), enquanto que os da criação em recinto fechado foram de 1,16 ± 0,32 (S. D), 1,9 ± 0,25 (S. D), 3,45 ± 0,67 (S. D), 5,57 ± 0,8 (S. D) e 10,06 ± 1,18 (S. D) do I, II, III, IV e V instar, respetivamente (Fig. 76).

O comprimento médio das larvas da terceira colheita e o seu desvio-padrão do bicho-da-seda tasar, *A. mylitta* D., criado no exterior em 2009, foram de 1,11 ± 0,23 (S. D), 1,83 ± 0,42 (S. D), 3,3 ± 0,72 (S. D), 5,56 ± 0,51 (S. D) e 9.22 ± 1,79 (S. D), enquanto que os da criação em recinto fechado foram 0,95 ± 0,14 (S. D), 1,51 ± 0,37 (S. D), 2,77 ± 0,52 (S. D), 4,78 ± 0,59 (S. D) e 8,28 ± 1,86 (S. D) do I, II, III, IV e V instar, respetivamente (Fig. 77).

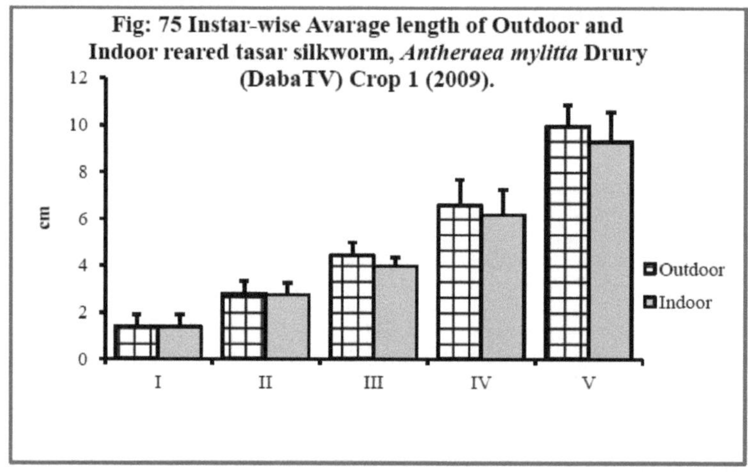

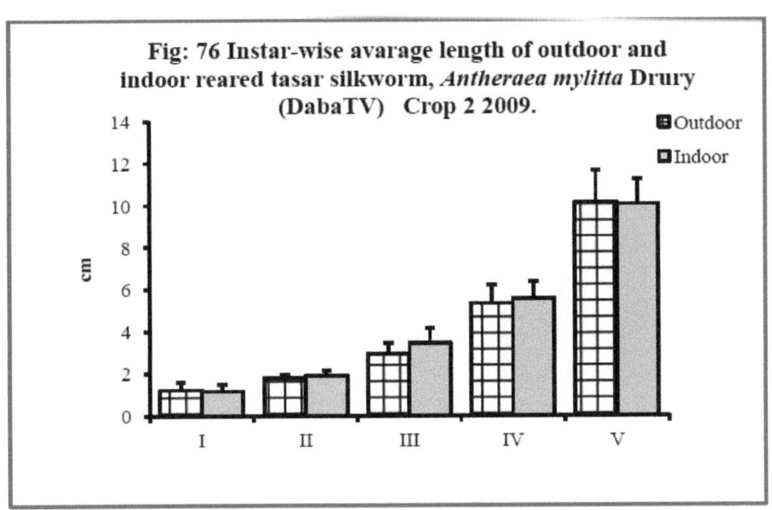

Fig: 76 Instar-wise avarage length of outdoor and indoor reared tasar silkworm, *Antheraea mylitta* Drury (DabaTV)   Crop 2 2009.

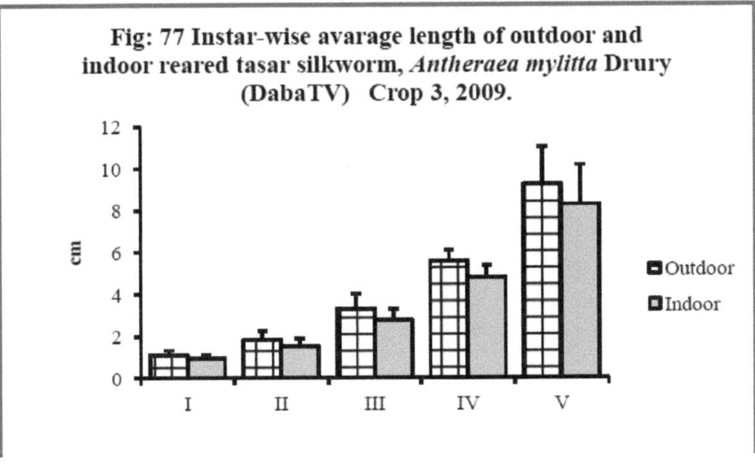

Fig: 77 Instar-wise avarage length of outdoor and indoor reared tasar silkworm, *Antheraea mylitta* Drury (DabaTV)   Crop 3, 2009.

Table 22: Instar-wise average larval length, of outdoor and indoor reared tasar silkworm, *Antheraea mylitta* Drury, during three crops in 2010.

Year	Crop	Rearing Method	Instar				
			I	II	III	IV	V
III (2010)	I (June-July)	Outdoor	1.07 ± 0.35	1.97 ± 0.12	2.61 ± 0.44	4.15 ± 0.79	8.89 ± 1.86
		Indoor	1.07 ± 0.35	1.85 ± 0.19	2.76 ± 0.49	4.45 ± 0.84	9.01 ± 1.74
	II (Aug – Sep)	Outdoor	0.6 ± 0.68	1.23 ± 0.38	2.06 ± 0.36	4.98 ± 0.44	8.81 ± 2.4
		Indoor	0.6 ± 0.68	1.23 ± 0.38	1.99 ± 0.36	4.8 ± 0.4	8.77 ± 2.56
	III (Dec- Jan)	Outdoor	0.3 ± 0.5	2.24 ± 0.57	3.45 ± 0.21	5.01 ± 0.71	9.21 ± 2.1
		Indoor	0.3 ± 0.5	2.06 ± 0.38	3.42 ± 0.51	5.14 ± 0.55	9.16 ± 1.74

O comprimento médio das larvas da primeira colheita e o respetivo desvio padrão do bicho-da-seda tasar, *A. mylitta* D., criado no exterior em 2010, foram de 1,07 ± 0,35 (S. D), 1,97 ± 0,12 (S. D), 2,61 ± 0,44 (S. D), 4,15 ± 0,79 (S. D) e 8.89 ± 1,86 (S. D), enquanto que os da criação em recinto fechado foram de 1,07 ± 0,35 (S. D), 1,85 ± 0,19 (S. D), 2,76 ± 0,49 (S. D), 4,45 ± 0,84 (S. D) e 9,01 ± 1,74 (S. D) do I, II, III, IV e V instar, respetivamente (Fig. 78).

O comprimento médio das larvas da segunda colheita e o respetivo desvio padrão do bicho-da-seda tasar, *A. mylitta* D., criado no exterior em 2010, foram de 0,6 ± 0,68 (S. D), 1,23 ± 0,38 (S. D), 2,06 ± 0,36 (S. D), 4,98 ± 0,44 (S. D) e 8.81 ± 2,4 (S. D), enquanto que os da criação em recinto fechado foram 0,6 ± 0,68 (S. D), 1,23 ± 0,38 (S. D), 1,99 ± 0,36 (S. D), 4,8 ± 0,4 (S. D) e 8,77 ± 2,56 (S. D) do I, II, III, IV e V instar, respetivamente (Fig. 79).

O comprimento médio das larvas da terceira colheita e o respetivo desvio-padrão do bicho-da-seda tasar, *A. mylitta* D., criado no exterior em 2010, foram de 0,3 ± 0,5 (S. D), 2,24 ± 0,57 (S. D), 3,45 ± 0,21 (S. D), 5,01 ± 0,71 (S. D) e 9.21 ± 2,1 (S. D), enquanto que os da criação em recinto fechado foram de 0,3 ± 0,5 (S. D), 2,06 ± 0,38 (S. D), 3,42 ± 0,51 (S. D), 5,14 ± 0,55 (S. D) e 9,16 ± 1,74 (S. D) do I, II, III, IV e V instar, respetivamente (Fig. 80).

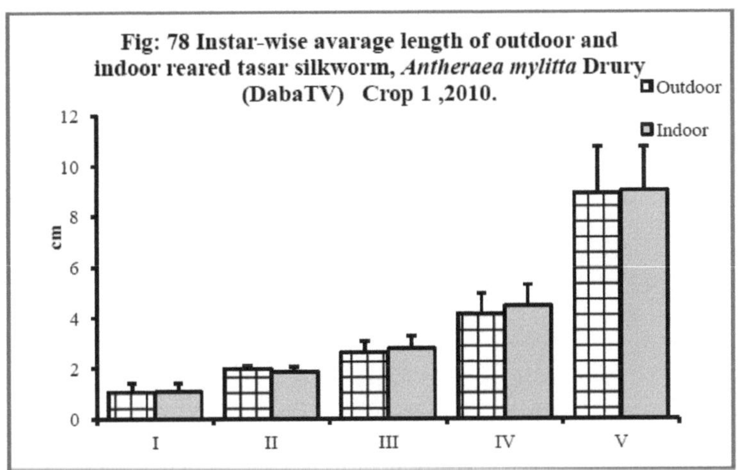

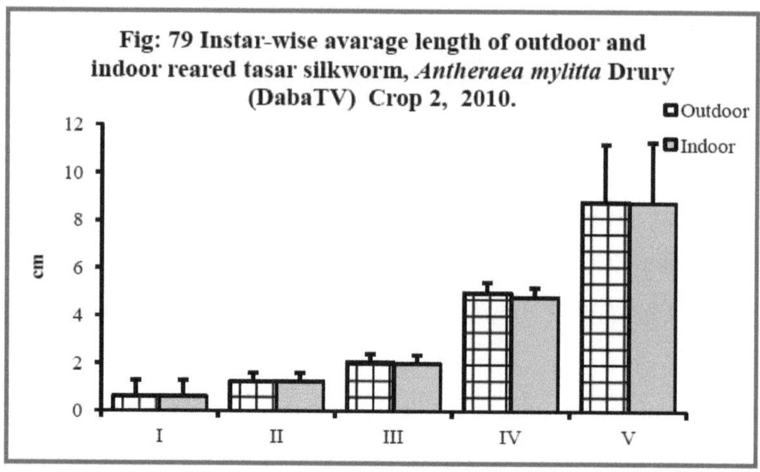

Fig: 79 Instar-wise avarage length of outdoor and indoor reared tasar silkworm, *Antheraea mylitta* Drury (DabaTV) Crop 2, 2010.

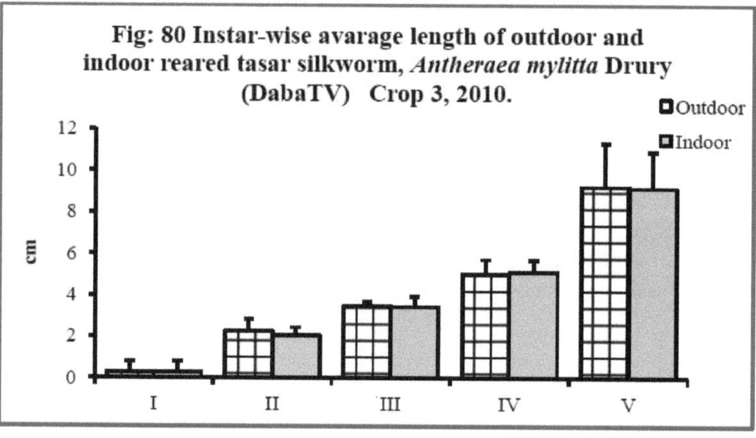

Fig: 80 Instar-wise avarage length of outdoor and indoor reared tasar silkworm, *Antheraea mylitta* Drury (DabaTV) Crop 3, 2010.

Table 23: Estimation of total Protein content in outdoor and indoor reared tasar silkworm, Antheraea mylitta Drury, (Daba TV) during three crops of 2008 (mg/ml or mg of 50mg tissue)

| | Haemolymph | | | | Fat body | | | | Silk gland | |
| | IV | | V | | IV | | V | | V | |
Instar Rearing Crop	Outdoor	Indoor	Outdoor	Indoor	Outdoor	Indoor	Outdoor	Indoor	Outdoor	Indoor
1	4.74 ± 0.42	5.6 ± 0.42	5.33 ± 0.39	8.65 ± 1.33	3.55 ± 0.46	2.2 ± 0.56	4.91 ± 0.61	3.52 ± 0.69	6.58 ± 1.06	4.68 ± 0.85
2	6.71 ± 1.29	8.16 ± 0.83	8.55 ± 1.01	9.88 ± 1.52	3.9 ± 0.43	3.1 ± 0.56	5.88 ± 0.61	4.8 ± 0.57	9.5 ± 1.0	8.44 ± 0.81
3	8.16 ± 0.54	10.14 ± 0.67	10.81 ± 1.11	12.89 ± 1.17	5.19 ± 0.33	4.81 ± 0.83	6.47 ± 0.57	5.87 ± 1.01	10.64 ± 0.64	9.79 ± 0.34

O teor total de proteínas na hemolinfa, no corpo adiposo e na glândula da seda do bicho-da-seda tasar, *A. mylitta* D. (Daba TV), durante as três colheitas de 2008, foi registado e apresentado no quadro 23.

O teor de proteína total da primeira colheita na hemolinfa do bicho-da-seda tasar, *A. mylitta* D., criado ao ar livre em 2008 foi de 4,74 ± 0,42 (S. D) e 5,33 ± 0,39 (S. D), enquanto o criado em recinto fechado foi de 5,6 ± 0,42 (S. D) e 8,65 ± 1,33 (S. D) mg/ml para o quarto e quinto instares, respetivamente. O teor total de proteínas no corpo adiposo da criação ao ar livre foi de 3,55 ± 0,46 (S. D) e 4,91 ± 0,61 (S. D), enquanto o da criação em recintos fechados foi de 2,2 ± 0,56 (S. D) e 3,52 ± 0,69 (S. D) mg/50mg de tecido para o quarto e quinto instares, respetivamente. O teor total de proteínas na glândula de seda da criação ao ar livre foi de 6,58 ± 1,06 (S. D), enquanto o da criação em recinto fechado foi de 4,68 ± 0,85 (S. D) mg/50 mg de tecido para larvas de quinto instar (Fig. 81).

O teor de proteína total da segunda colheita na hemolinfa do bicho-da-seda tasar, *A. mylitta* D. de criação ao ar livre de 2008 foi de 6,71 ± 1,29 (S. D) e 8,55 ± 1,01 (S. D), enquanto o de criação em recinto fechado foi de 8,16 ± 0,83 (S. D) e 9,88 ± 1,52 (S. D) mg/ml para o quarto e quinto instares, respetivamente. O teor total de proteínas no corpo adiposo da criação ao ar livre foi de 3,9 ± 0,43 (S. D) e 5,88 ± 0,61 (S. D), enquanto o da criação no interior foi de 3,1 ± 0,56 (S. D) e 4,8 ± 0,57 (S. D) mg/50mg de tecido para o quarto e quinto instares, respetivamente. O teor total de proteínas na glândula de seda da criação ao ar livre foi de 9,5 ± 1,0 (S. D), enquanto o da criação em recinto fechado foi de 8,44 ± 0,81 (S. D) mg/50 mg de tecido para larvas de quinto instar (Fig. 82).

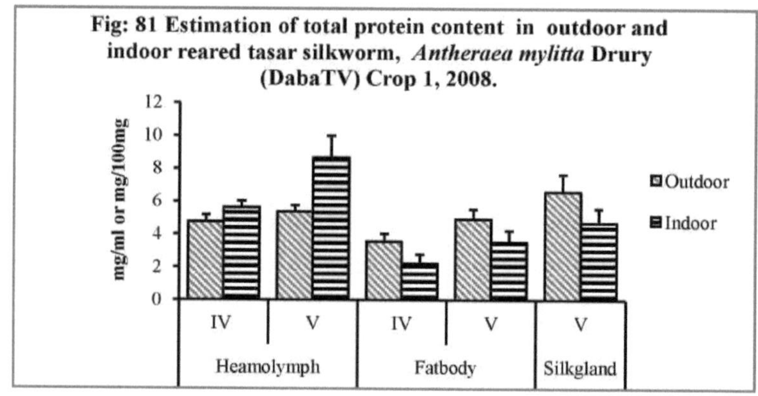

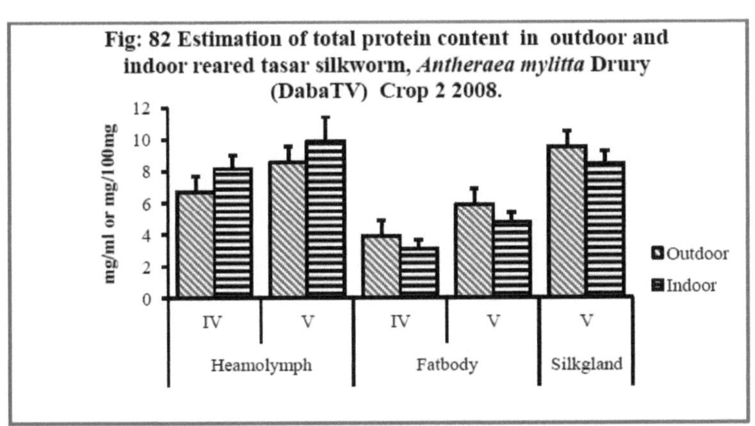

Fig: 82 Estimation of total protein content in outdoor and indoor reared tasar silkworm, *Antheraea mylitta* Drury (DabaTV) Crop 2 2008.

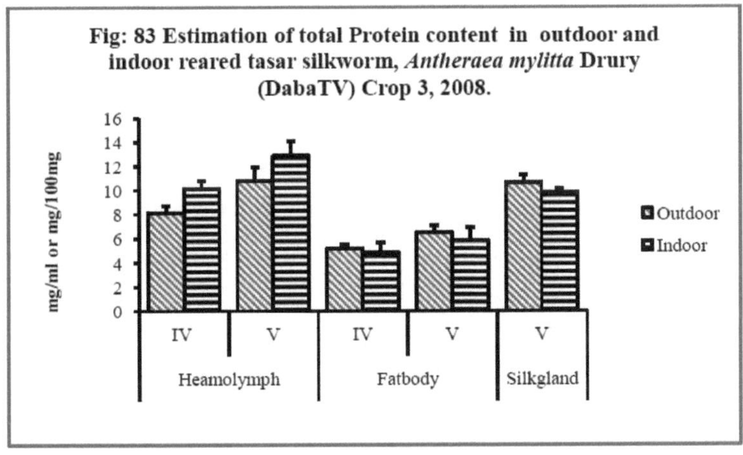

Fig: 83 Estimation of total Protein content in outdoor and indoor reared tasar silkworm, *Antheraea mylitta* Drury (DabaTV) Crop 3, 2008.

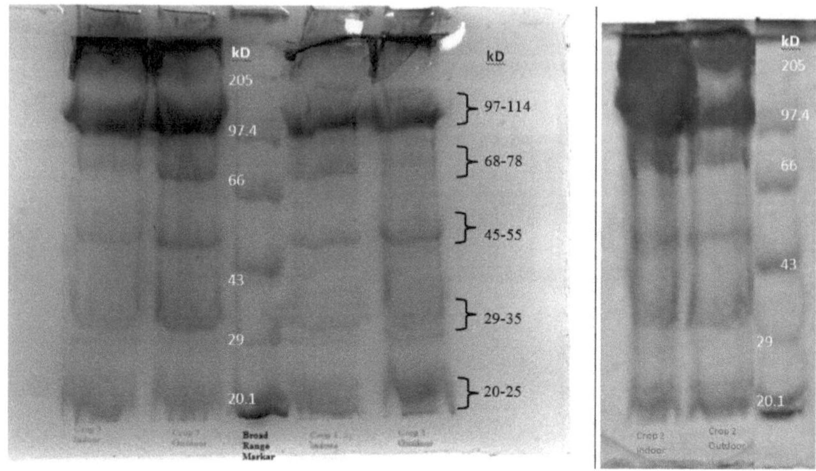

Fig. 84: SDS-PAGE mostrando os padrões de bandas na hemolinfa

O teor de proteínas totais da terceira colheita na hemolinfa do bicho-da-seda tasar, *A. mylitta* D., criado ao ar livre em 2008, foi de 8,16 ± 0,54 (S. D) e 10,81 ± 1,11 (S. D), enquanto o da criação em recinto fechado foi de 10,14 ± 0,67 (S. D) e 12,89 ± 1,17 (S. D) mg/ml para o quarto e quinto instares, respetivamente. O teor total de proteínas no corpo adiposo da criação ao ar livre foi de 5,19 ± 0,33 (S. D) e 6,47 ± 0,57 (S. D), enquanto o da criação em recintos fechados foi de 4,81 ± 0,83 (S. D) e 5,87 ± 1,01 (S. D) mg/50mg de tecido para o quarto e quinto instares, respetivamente. O teor total de proteínas na glândula de seda da criação ao ar livre foi de 10,64 ± 0,64 (S. D), enquanto o da criação em recinto fechado foi de 9,79 ± 0,34 (S. D) mg/50 mg de tecido para larvas de quinto instar (Fig. 83).

As proteínas da hemolinfa do bicho-da-seda tasar *A. mylitta* D. (Daba TV), criado no exterior e no interior, foram analisadas por eletroforese em gel de poliacrilamida SDS a 10% (PAGE). Foram observadas cinco bandas no intervalo entre 20114 kD. Na hemolinfa das larvas de instar i'ifth do exterior e do interior, não se observou uma variação significativa e uma dissemelhança nas bandas das proteínas da hemolinfa. As bandas apareceram na gama de 20-25, 29-35, 45-55, 68-78, e 97-114 kD.

Table 24: Estimation of trehalose content in outdoor and indoor reared tasar silkworm, *Antheraea mylitta* Drury, (DabaTV) during three crops of 2008. (mg/ml or mg of 50mg tissue)

Rearing Crop / Instar	Haemolymph				Fat body				Silk gland	
	IV		V		IV		V		V	
	Outdoor	Indoor	Outdoor	Indoor	Outdoor	Indoor	Outdoor	Indoor	Outdoor	Indoor
I	5.52±1.51	6.66±0.42	7.42±0.32	7.86±0.35	6.3±0.22	6.5±0.4	13±0.21	12.8±0.75	2.6±0.71	2.8±0.54
II	6.25±0.54	7.43±1.3	8.72±0.57	8.25±0.43	8.2±0.38	9.8±1.29	18.5±0.29	19.2±0.78	3.4±0.31	3.4±0.25
III	7.32±0.35	8.1±0.53	9.36±0.43	9.63±0.91	13.0±1.5	14.2±1.2	25.0±3.9	28.0±6.4	4.3±0.71	4.2±0.54

O teor total de trealose na hemolinfa, no corpo adiposo e na glândula da seda do bicho-da-seda tasar, *A. mylitta* D. (Daba TV), durante as três colheitas de 2008, foi registado e apresentado no quadro 24.

O teor de trealose da primeira colheita na hemolinfa do bicho-da-seda tasar,

A. mylitta D., criado ao ar livre em 2008, foi de 5,52 ± 1,51 (S. D) e 7,42 ± 0,32 (S. D), enquanto o da criação em recinto fechado foi de 6,66 ± 0,42 (S. D) e 7,86 ± 0,35 (S. D) mg/ml para o quarto e quinto instares, respetivamente. O teor de trealose no corpo adiposo da criação ao ar livre foi de 6,3 ± 0,22 (S. D) e 13 ± 0,21 (S. D), enquanto o da criação no interior foi de 6,5 ± 0,4 (S. D) e 12,8 ± 0,75 (S. D) mg/50mg de tecido para o quarto e quinto instares, respetivamente. O teor de trealose na glândula de seda da criação ao ar livre foi de 2,6 ± 0,71 (S. D), enquanto o da criação em recinto fechado foi de 2,8 ± 0,54 (S. D) mg/50 mg de tecido para larvas de quinto instar (Fig. 85).

O teor de trealose da segunda colheita na hemolinfa do bicho-da-seda tasar, *A. mylitta* D., criado ao ar livre em 2008, foi de 6,25 ± 0,54 (S. D) e 8,72 ± 0,57 (S. D), enquanto o da criação em recinto fechado foi de 7,43 ± 1,3 (S. D) e 8,25 ± 0,43 (S. D) mg/ml para o quarto e quinto instares, respetivamente. O teor de trealose no corpo adiposo da criação ao ar livre foi de 8,2 ± 0,38 (S. D) e 18,5 ± 0,29 (S. D), enquanto o da criação no interior foi de 9,8 ± 1,29 (S. D) e 19,2 ± 0,78 (S. D) mg/50mg de tecido para o quarto e quinto instares, respetivamente. O teor de trealose na glândula de seda da criação ao ar livre foi de 3,4 ± 0,31 (S. D), enquanto o da criação em recinto fechado foi de 3,4 ± 0,25 (S. D) mg/50 mg de tecido para larvas de quinto instar (Fig. 86).

O teor de trealose da terceira colheita na hemolinfa do bicho-da-seda tasar, *A. mylitta* D., criado ao ar livre em 2008, foi de 7,32 ± 0,35 (S. D) e 9,36 ± 0,43 (S. D), enquanto o da criação em recinto fechado foi de 8,1 ± 0,53 (S. D) e 9,63 ± 0,91 (S. D) mg/ml para o quarto e quinto instares, respetivamente. O teor de trealose no corpo adiposo da criação ao ar livre foi de 13,0 ± 1,5 (S. D) e 25,0 ± 3,9 (S. D), enquanto o da criação no interior foi de 14,2 ± 1,2 (S. D) e 28,0 ± 6,4 (S. D) mg/50mg de tecido para o quarto e quinto instares, respetivamente. O teor de trealose na glândula de seda da criação ao ar livre foi de 4,3 ± 0,71 (S. D), enquanto o da criação em recinto fechado foi de 4,2 ± 0,54 (S. D) mg/50 mg de tecido para larvas de quinto instar (Fig. 87).

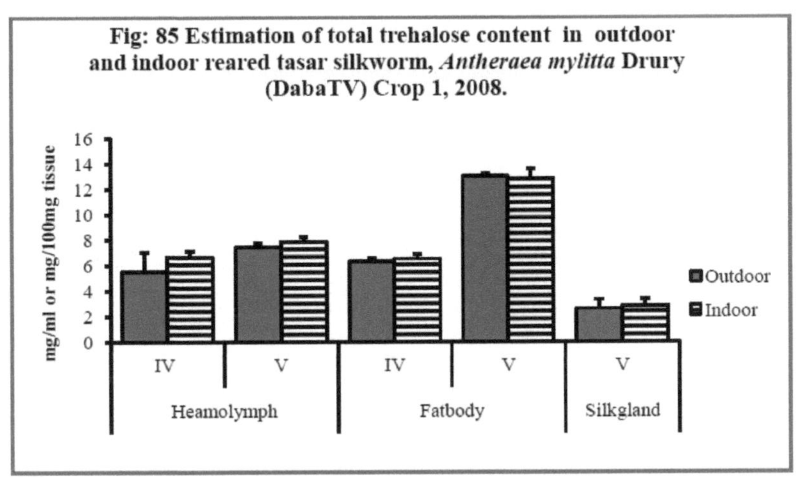

Fig: 85 Estimation of total trehalose content in outdoor and indoor reared tasar silkworm, *Antheraea mylitta* Drury (DabaTV) Crop 1, 2008.

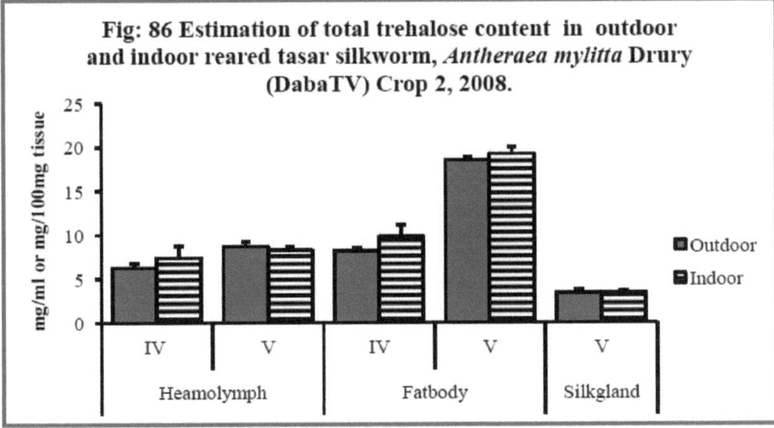

Fig: 86 Estimation of total trehalose content in outdoor and indoor reared tasar silkworm, *Antheraea mylitta* Drury (DabaTV) Crop 2, 2008.

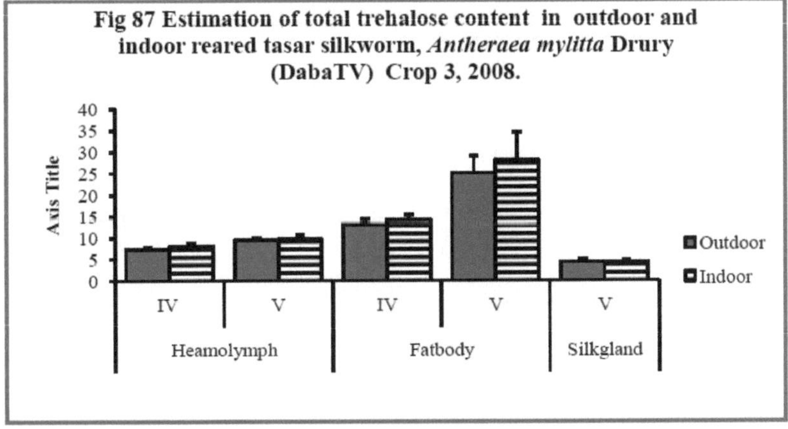

Fig 87 Estimation of total trehalose content in outdoor and indoor reared tasar silkworm, *Antheraea mylitta* Drury (DabaTV) Crop 3, 2008.

Table25: Estimation of total lipid content in outdoor and indoor reared tasar silkworm, *Antheraea mylitta* Drury, durring three crops in 2008-2010. (mg/ml or mg of 50mg tissue)

Tissue	Haemolymph				Fat body			
Instar	IV		V		IV		V	
Rearing Crop	Outdoor	Indoor	Outdoor	Indoor	Outdoor	Indoor	Outdoor	Indoor
I	17.2 ± 1.92	11.8 ± 5.06	36.0 ± 4.3	35.2 ± 7.15	7.5 ± 1.81	6.0 ± 2.91	20.2 ± 2.38	15.4 ± 2.96
II	25 ± 3.16	16.3 ± 2.28	43.2 ± 2.7	36.4 ± 1.67	13.0 ± 2.91	11.8± 2.38	24.8 ± 6.09	22.6 ± 4.82
III	32.6 ± 3.13	23.0 ± 2.23	46.4 ± 2.23	46.4 ± 8.75	18.2 ± 3.42	17.2 ± 2.77	33.6 ± 1.94	31.2 ± 3.7

O teor total de lípidos na hemolinfa, no corpo adiposo e na glândula da seda do bicho-da-seda tasar, *A. mylitta* D. (Daba TV), durante as três colheitas de 2008, foi registado e apresentado no quadro 25.

O teor total de lípidos da primeira colheita na hemolinfa do bicho-da-seda tasar, *A. mylitta* D., criado no exterior em 2008, foi de 17,2 ± 1,92 (S. D) e

138

36,0 ± 4,3 (S. D), enquanto que no interior foi de 11,8 ± 5,06 (S. D) e 35,2 ± 7,15 (S. D) mg/ml para o quarto e quinto instares, respetivamente. O teor total de lípidos no corpo adiposo da criação ao ar livre foi de 7,5 ± 1,81 (S. D) e 20,2 ± 2,38 (S. D), enquanto o da criação no interior foi de 6,0 ± 2,91 (S. D) e 15,4 ± 2,96 (S. D) mg/50mg de tecido para o quarto e quinto instares, respetivamente (Fig. 88).

O teor total de lípidos da segunda colheita na hemolinfa do bicho-da-seda tasar, *A. mylitta* D., criado ao ar livre em 2008, foi de 25,0 ± 3,16 (S. D) e 43,2 ± 2,7 (S. D), enquanto o da criação em recinto fechado foi de 16,3 ± 2,28 (S. D) e 36,4 ± 1,67 (S. D) mg/ml para o quarto e quinto instares, respetivamente. O teor total de lípidos no corpo adiposo da criação ao ar livre foi de 13,0 ± 2,91 (S. D) e 24,8 ± 6,09 (S. D), enquanto o da criação no interior foi de 11,8 ± 2,38 (S. D) e 22,6 ± 4,82 (S. D) mg/50mg de tecido para o quarto e quinto instares, respetivamente (Fig. 89).

O teor total de lípidos da terceira colheita na hemolinfa do bicho-da-seda tasar, *A. mylitta* D., criado ao ar livre em 2008, foi de 25 ± 3,16 (S. D) e 46,4 ± 2,23 (S. D), enquanto o da criação em recinto fechado foi de 23,0 ± 2,23 (S. D) e 46,4 ± 8,75 (S. D) mg/ml para o quarto e quinto instares, respetivamente. O teor total de lípidos no corpo adiposo da criação ao ar livre foi de 18,2 ± 3,42 (S. D) e 33,6 ± 1,94 (S. D), enquanto o da criação no interior foi de 17,2 ± 2,77 (S. D) e 31,2 ± 3,7 (S. D) mg/50mg de tecido para o quarto e quinto instares, respetivamente (Fig. 90).

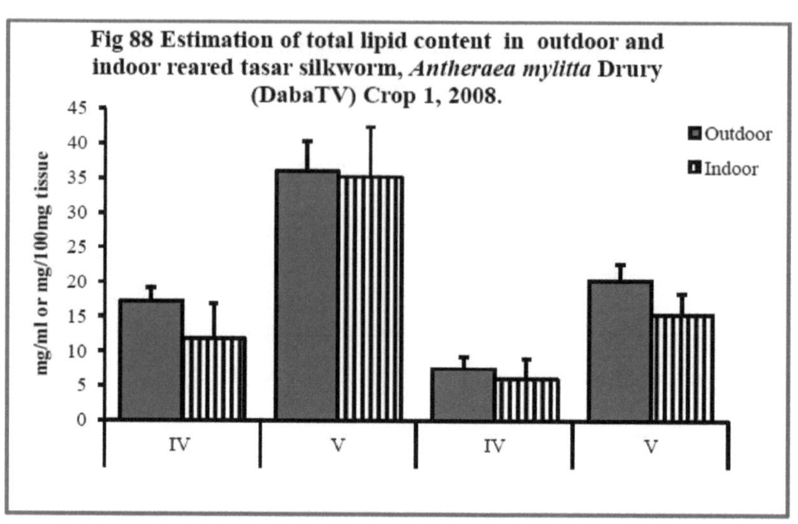

Fig 88 Estimation of total lipid content in outdoor and indoor reared tasar silkworm, *Antheraea mylitta* Drury (DabaTV) Crop 1, 2008.

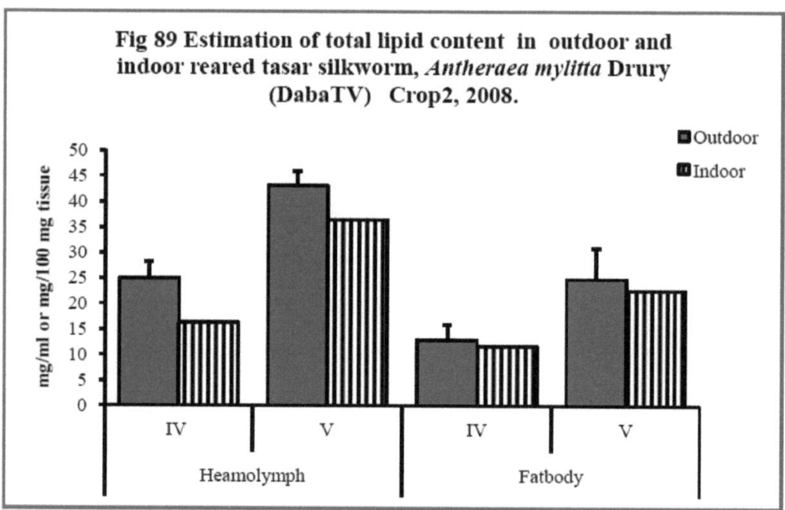

Fig 89 Estimation of total lipid content in outdoor and indoor reared tasar silkworm, *Antheraea mylitta* Drury (DabaTV) Crop2, 2008.

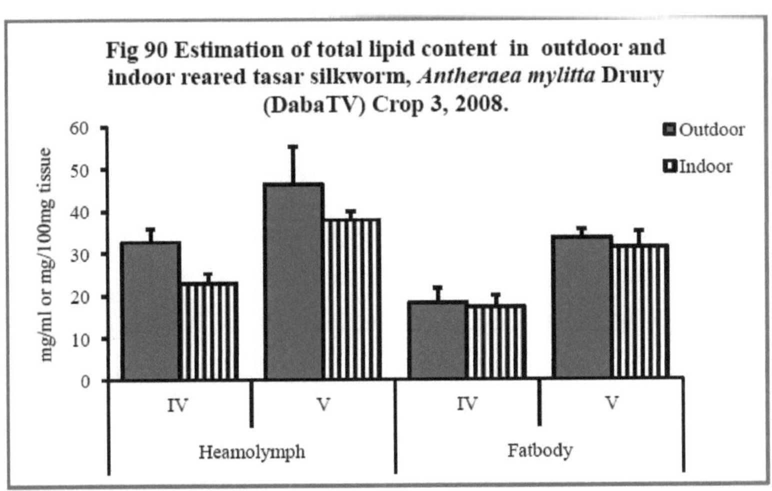

Tabela 26: Estimativa da atividade proteolítica digestiva no bicho-da-seda *Antheraea mylitta* Drury (DabaTV) criado no exterior e no interior durante as colheitas de 2009. (mg/ml/min)

Expressed in mg/ml/min		IV instar		V instar	
Enzyme activity	Rearing Crop	Outdoor	Indoor	Outdoor	Indoor
Proteolytic activity	I	0.021 ± 0.003	0.029 ± 0.007*	0.034 ± 0.007	0.037 ± 0.004
	II	0.029 ± 0.001	0.035 ± 0.003	0.037 ± 0.002	0.039 ± 0.002
	III	0.046 ± 0.008	0.064 ± 0.009*	0.062 ± 0.005	0.079 ± 0.005*

A estimativa da atividade proteolítica do suco digestivo do bicho-da-seda *A. mylitta* D. (Daba TV) criado no exterior e no interior durante as três colheitas de 2009 foi registada e apresentada no quadro 26.

A atividade proteolítica da primeira colheita do sumo digestivo do bicho-da-seda tasar, *A. mylitta* D., criado ao ar livre em 2009, foi de 0,021 ± 0,003 (S. D) e 0,034 ± 0,007 (S. D), enquanto a criação em recinto fechado foi de 0,029 ± 0,007 (S. D) e 0,037 ± 0,004 (S. D) mg de tirosina libertada mg/ml/min a 37°C para o quarto e quinto instares, respetivamente (Fig. 91).

A segunda cultura A atividade proteolítica do sumo digestivo do bicho-da-seda tasar, *A.mylitta* D., criado ao ar livre em 2009, foi de 0,029 ± 0,001 (S. D) e 0,037 ± 0,002 (S. D), enquanto a criação em recinto fechado foi de 0,035 ± 0,003 (S. D) e 0,039 ± 0,002 (S. D) mg de tirosina libertada mg/ml/min a 37°C para o quarto e quinto instares, respetivamente (Fig. 92).

A terceira cultura A atividade proteolítica do sumo digestivo do bicho-da-seda tasar, *A. mylitta* D., criado ao ar livre em 2009, foi de 0,046 ± 0,008 (S. D) e 0,062 ± 0,005 (S. D), enquanto a criação em recinto fechado foi de 0,064 ± 0,009 (S. D) e 0,079 ± 0,005 (S. D) mg de tirosina libertada mg/ml/min a 37°C para o quarto e quinto instares, respetivamente (Fig. 93).

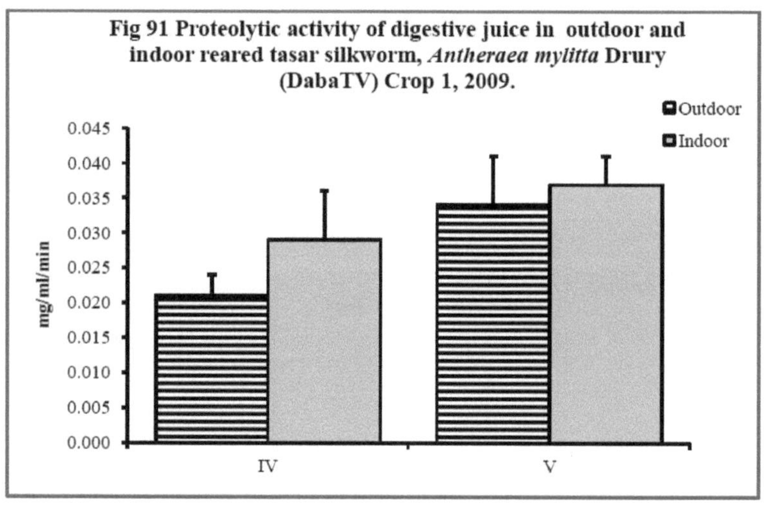

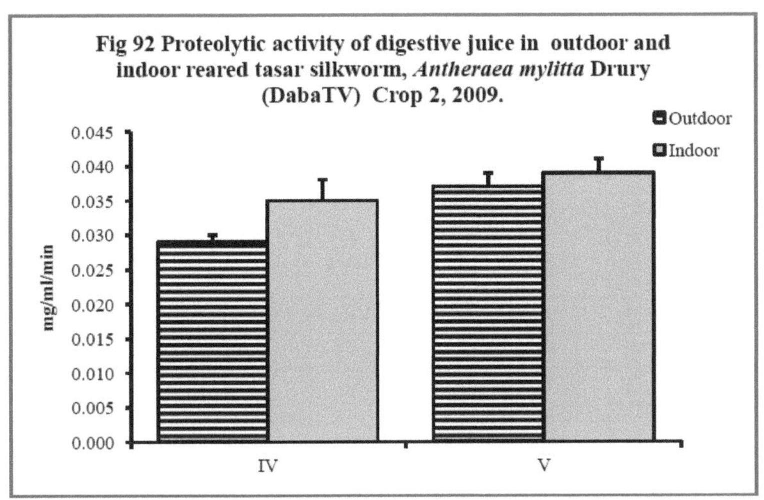

Fig 92 Proteolytic activity of digestive juice in outdoor and indoor reared tasar silkworm, *Antheraea mylitta* Drury (DabaTV) Crop 2, 2009.

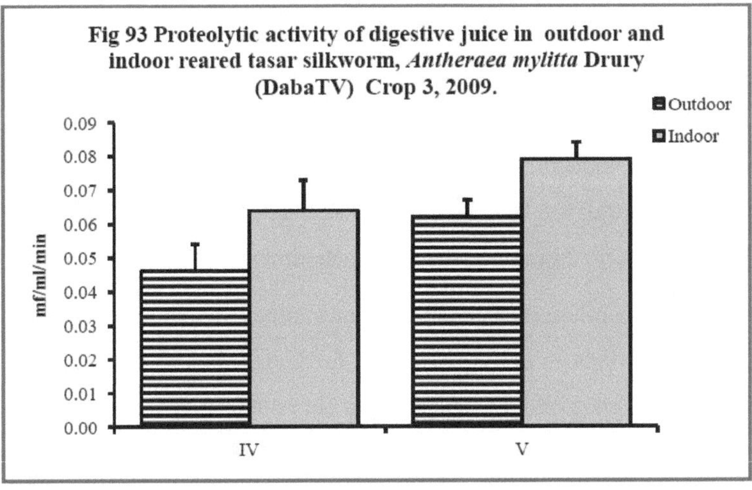

Fig 93 Proteolytic activity of digestive juice in outdoor and indoor reared tasar silkworm, *Antheraea mylitta* Drury (DabaTV) Crop 3, 2009.

Tabela 27: Estimativa da atividade da amilase digestiva no bicho-da-seda *Antheraea mylitta* Drury (DabaTV), criado no exterior e no interior, durante três colheitas de 2009. (mg/ml ou mg de 50mg de tecido)

Expressed in mg/ml/min		IV instar		V instar	
Enzyme activity \ Rearing / Crop		Outdoor	Indoor	Outdoor	Indoor
Amylase activity	I	0.039 ± 0.001	$0.054 \pm 0.009^*$	0.037 ± 0.001	$0.056 \pm 0.006^*$
	II	0.042 ± 0.006	$0.052 \pm 0.014^*$	0.055 ± 0.016	$0.068 \pm 0.015^*$
	III	0.044 ± 0.009	$0.064 \pm 0.007^*$	0.081 ± 0.013	$0.095 \pm 0.005^*$

A estimativa da atividade da amilase do suco digestivo do bicho-da-seda *A. mylitta* D. (Daba TV) criado no exterior e no interior durante as três colheitas de 2009 foi registada e apresentada no quadro 27.

A atividade da amilase digestiva da primeira colheita do bicho-da-seda tasar, *A. mylitta* D., criada ao ar livre em 2009, foi de 0,039 ± 0,001 (S. D) e 0,037 ± 0,001 (S. D), enquanto que a da criação em recinto fechado foi de 0,054 ± 0,009 (S. D) e 0,056 ± 0,006 (S. D) mg de maltose libertada mg/ml/min a 37°C para o quarto e quinto instares, respetivamente (Fig. 94).

A atividade da amilase digestiva da segunda colheita do bicho-da-seda tasar, *A. mylitta* D., criada ao ar livre em 2009, foi de 0,042 ± 0,006 (S. D) e 0,055 ± 0,016 (S. D), enquanto que a da criação em recinto fechado foi de 0,052 ± 0,014 (S. D) e 0,068 ± 0,015 (S. D) mg de maltose libertada mg/ml/min a 37°C para o quarto e quinto instares, respetivamente (Fig. 95).

A atividade da amilase digestiva da terceira colheita do bicho-da-seda tasar, *A. mylitta* D., criada ao ar livre em 2009, foi de 0,044 ± 0,009 (S. D) e 0,081 ± 0,013 (S. D), enquanto a criada em recinto fechado foi de 0,064 ± 0,007 (S. D) e 0,095 ± 0,005 (S. D) mg de maltose libertada mg/ml/min a 37°C para o quarto e quinto instares, respetivamente (Fig. 96).

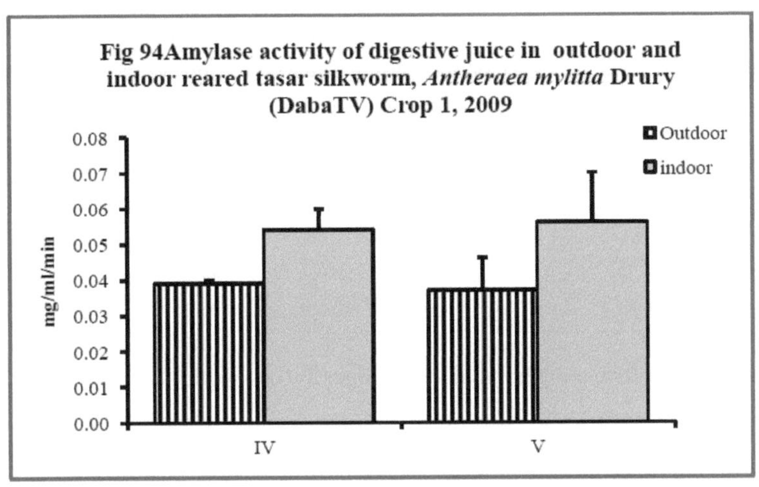

Fig 94Amylase activity of digestive juice in outdoor and indoor reared tasar silkworm, *Antheraea mylitta* Drury (DabaTV) Crop 1, 2009

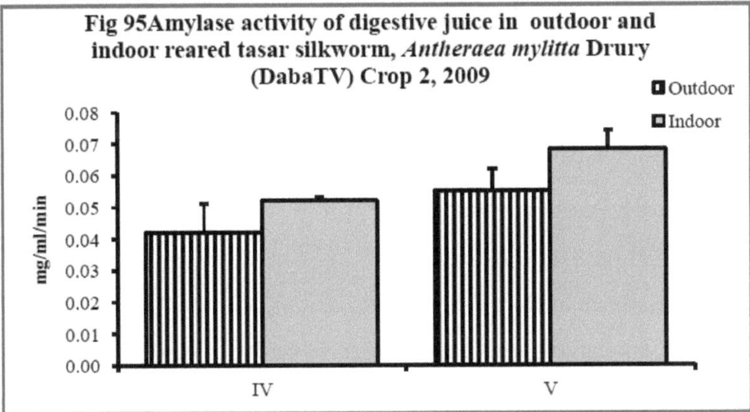

Fig 95Amylase activity of digestive juice in outdoor and indoor reared tasar silkworm, *Antheraea mylitta* Drury (DabaTV) Crop 2, 2009

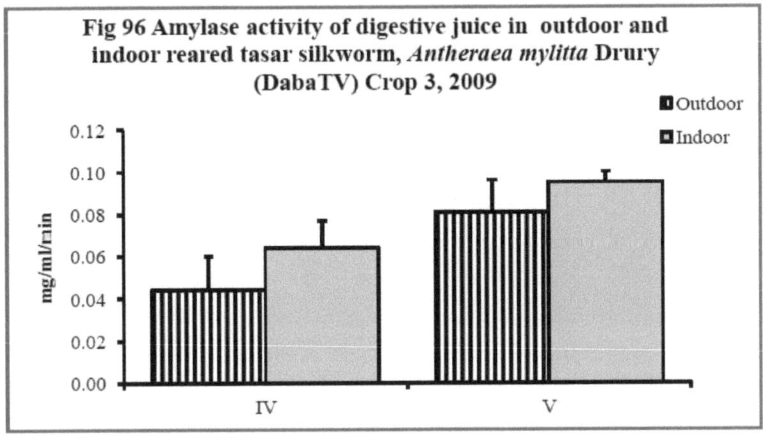

Fig 96 Amylase activity of digestive juice in outdoor and indoor reared tasar silkworm, *Antheraea mylitta* Drury (DabaTV) Crop 3, 2009

Tabela 28: Estimativa da atividade da lipase digestiva no bicho-da-seda *Antheraea mylitta* Drury, (DabaTV) criado no exterior e no interior durante três colheitas, 2009 (mg/ml /min a 37⁰ C)

Expressed in mg/ml/min		IV instar		V instar	
Enzyme activity	Rearing Crop	Outdoor	Indoor	Outdoor	Indoor
Lipase	I	0.017 ± 0.003	0.018 ± 0.006	0.026 ± 0.012	0.028 ± 0.014
activity	II	0.023 ± 0.002	0.022 ± 0.007	0.037 ± 0.015	0.036 ± 0.015
	III	0.031 ± 0.004	0.033 ± 0.003	0.042 ± 0.006	0.043 ± 0.012

A atividade da lipase digestiva do suco digestivo do bicho-da-seda *A. mylitta* D. (Daba TV) criado no exterior e no interior durante as três colheitas de 2009 foi registada e apresentada no quadro 28.

A atividade da lipase digestiva da primeira colheita do bicho-da-seda tasar, *A. mylitta* D., criada ao ar livre em 2009, foi de 0,017 ± 0,003 (S. D) e 0,026 ± 0,012 (S. D), enquanto a criada em recinto fechado foi de 0,018 ± 0,006 (S. D) e 0,028 ± 0,014 (S. D) mg de acetona libertada mg/ml/min a 37°C para o quarto e o li'i'th instares, respetivamente (Fig. 97).

A atividade da lipase digestiva da segunda cultura do bicho-da-seda tasar, *A. mylitta* D., criada ao ar livre em 2009, foi de 0,023 ± 0,002 (S. D) e 0,037 ± 0,015 (S. D), enquanto a criada em recinto fechado foi de 0,022 ± 0,007 (S. D) e 0,036 ± 0,015 (S. D) mg de acetona libertada mg/ml/min a 37°C para o quarto e quinto instares, respetivamente (Fig. 98).

Na terceira colheita, no ano de 2009-2010, a atividade digestiva da lipase do bicho-da-seda tasar, *A. mylitta* D., em criação ao ar livre, foi de 0,031 ± 0,004 (S. D) e 0,042 ± 0,006 (S. D), enquanto que em criação no interior foi de 0,033 ± 0,003 (S. D) e 0,043 ± 0,012 (S. D) mg de acetona libertada mg/ml/min a 37°C para o quarto e quinto instares, respetivamente (Fig. 99).

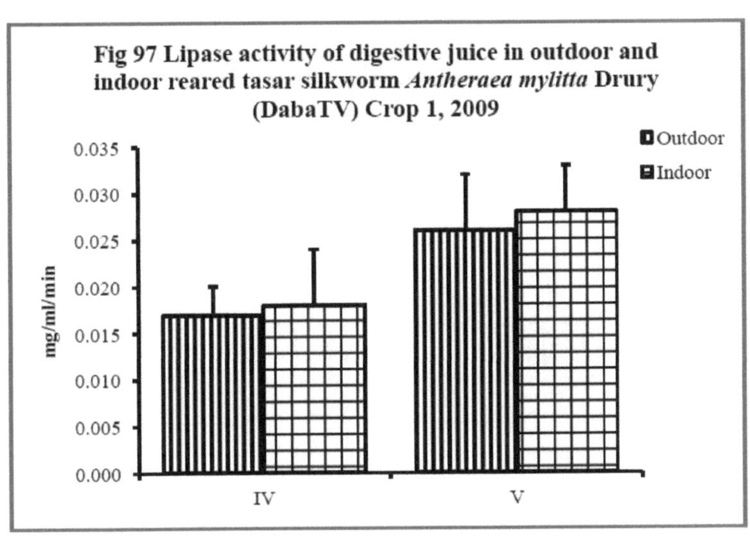

Fig 97 Lipase activity of digestive juice in outdoor and indoor reared tasar silkworm *Antheraea mylitta* Drury (DabaTV) Crop 1, 2009

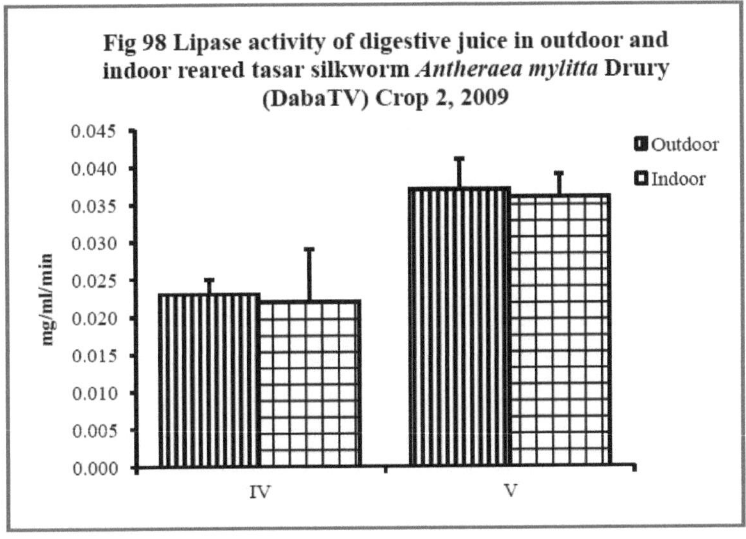

Fig 98 Lipase activity of digestive juice in outdoor and indoor reared tasar silkworm *Antheraea mylitta* Drury (DabaTV) Crop 2, 2009

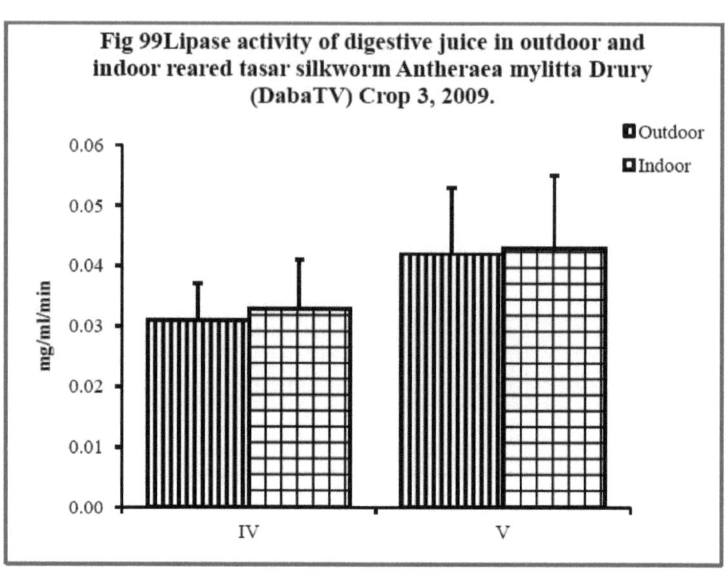

Fig 99Lipase activity of digestive juice in outdoor and indoor reared tasar silkworm Antheraea mylitta Drury (DabaTV) Crop 3, 2009.
Outdoor
Indoor
0.06
0.05
0.04
0.03
0.02
0.01
0.00
mg/ml/min
IV
V

Table: 29. Post cocoon characters of outdoor and indoor reared tasar silkworm Antheraea mylitta Drury (Daba TV) during three crops of 2008-2010.

Year	Crop	Rearing	Cocoon Wt	Shell Weight	Pupal Weight	Length of shell	Width of shell	Shell thickness	Peduncle thickness	Peduncle length	Weight of the peduncle	Shell ratio (in %)
I (2008)	I (Jun-Jul)	Outdoor	12.50± 2.13	1.81± 0.45	9.79±1.21	5.39± 0.23	2.57±0.42	0.65±00.16	2.67±0.02	4.91±0.01	0.11±0.01	14.48
		Indoor	10.80±1.21	1.35±0.12	8.55±1.02	4.69±0.42	2.22±0.65	0.53±0.19	2.18±0.04	4.81±0.03	0.09±0.02	12.5
	II (Aug-Sep)	Outdoor	11.82±1.02	1.46±0.95	9.36±1.11	5. 52±0.75	2.65±0.74	0.72±0.17	2.75±0.01	5.09±0.08	0.10±0.01	13.03
		Indoor	10.26±0.32	1.27±0.74	8.19±0.12	4.82±0.52	2.31±0.51	0.61±0.18	2.24±0.03	4.97±0.07	0. 05±0.02	12.37
	III (Dec-Jan)	Outdoor	12. 93± 1.20	1.53±0.37	10.5±0.23	5.63±0.41	2.83±0.68	0.82±0.73	2.83±0.01	5.34±0.04	0.16±0.03	11.83
		Indoor	11.12±1..24	1.38±0.14	8.94±0.54	5.13±0.35	2.42±0.69	0.76±0.09	2.33±0.05	4.92±0.05	0.04±0.01	12.41
II (2009)	I (Jun-Jul)	Outdoor	10.35±1.65	1.2±0.74	8.25±1.63	5.21±0.53	2.38±0.75	0.83±0.70	2.13±0.04	5.12±0.07	0.06±0.01	11.69
		Indoor	9.43± 0.45	1.17±0.04	7.46±1.54	4.93±0.25	2.13±0.83	0.77±0.31	1.12±0.08	6.12±0.08	0.05±0.02	12.4
	II (Aug-Sep)	Outdoor	11. 23±0.21	1.22±0.71	9.11±1.56	5.15±0.36	2.65±0.65	0.85±0.41	2.83±0.02	5.32±0.02	0.03±0.02	10.86
		Indoor	8.54±1.32	0.94±1.02	5.8±1.43	4.678±0.74	2.33±0.02	0.42±0.22	2.32±0.05	5.42±0.04	0.02±0.01	11.0
	III (Dec-Jan)	Outdoor	11.69± 2.11	1.31±0.68	9.58±0.23	5.763±0.65	2.67±0.26	0.71±0.04	2. 16±0.09	5.41±0.32	0.03±0.02	11.20
		Indoor	9.64±2.41	1.01±1.42	7.83±0.22	4.632±0.85	2.43±0.06	0.69±0.21	1.92±0.06	4.98±0.21	0.01±0.01	10.47
III (2010)	I (Jun-Jul)	Outdoor	12.76±1.20	1.65±1.22	10.21±0.15	5.872±0.12	2.87±0.04	0.81±0.15	2.67±0.03	5.23±0.41	0.03±0.03	12.93
		Indoor	11.73±1.43	1.32±1.44	9.61± 0.21	5.232±0.31	1.98±0.26	0.74±0.23	2.99±0.07	5.33±0.06	0.04±0.02	11.25
	II (Aug-Sep)	Outdoor	11.56±1.21	1.49±0.82	8.92±0.32	5.676±0.42	2. 64±0.65	0.83±0.06	2.65±0.04	5.63±0.07	0.02±0.01	12.88
		Indoor	10.58±2.16	1.08±1.65	8.7±0.54	5.23±0.23	1.89±0.31	0.71±0.12	2.44±0.03	5.31±0.07	0.06±0.03	10.20
	III (Dec-Jan)	Outdoor	12.11± 2.45	1. 65±1.45	9.56±1.54	5.723±0.54	2.098±0.42	0.82±0.01	2. 23±0.05	5.76±0.01	0.09±0.04	13.62
		Indoor	10.17± 1.27	1. 43±0.32	7.94±1.42	5.243±0.74	2.43±0.21	0. 80±0.02	2.15±0.08	5. 22±0.06	0.08±0.03	14.0

Os caracteres pós-casulo do bicho-da-seda tasar, *A. mylitta* D. (Daba TV) de

149

criação no exterior e no interior durante 2008-2010 incluem o peso do casulo (gr), o peso da casca (gr), o peso da pupa (gr), o comprimento da casca (cm), a largura da casca (cm), a espessura da casca (mm), o comprimento do pedúnculo (cm), o peso do pedúnculo (gr) e a proporção da casca (%) de três colheitas por ano, apresentados na tabela 29. Na primeira colheita de 2008, os parâmetros pós-casulo da criação ao ar livre foram 12,50 ± 2,13 (S. D.), 1,81 ± 0,45 (S. D.), 9,79± 1,21 (S. D.), 5,39±

0,23(S. D.), 2,57 ± 0,42(S. D.), 0.65 ± 00.16(S. D.),2.67± 0.02(S. D.), 4.91 ± 0.01(S. D.), 0.11 ± 0.01(S. D.) e 14.8% enquanto que as de interior foram 10.80 ± 1.21(S. D.), I. 35 ± 0.12(S. D.), 8.55 ± 1.02 (S. D.), 4.69 ± 0.42(S. D.), 2.22 ± 0.65(S. D.), 0.53 ± 0.19(S. D.), 2.18 ± 0.04 (S. D.),4.81 ± 0.03 (S.D.), 0.09 ± 0.02(S. D.) e 12.5% do peso do casulo (gr), do peso da casca (gr), do peso da pupa (gr), do comprimento da casca (cm), da largura da casca (cm), da espessura da casca (mm), do comprimento do pedúnculo (cm), do peso do pedúnculo (gr) e da proporção da casca (%), respetivamente.

Na segunda colheita de 2008, os parâmetros pós-casulo da criação ao ar livre foram II. 82±1.02 (S. D.), 1.46±0.95 (S. D.), 9.36±1.11 (S. D.), 5. 52±0.75 (S. D.), 2.65±0.74 (S. D.), 0.72±0.17 (S. D.), 2.75±0.01 (S. D.), 5.09±0.08 (S. D.), 0.10±0.01 (S. D.) e 13.03% enquanto que a do interior foi 10.26±0.32 (S. D.), 1.27±0.74 (S. D.), 8.19±0.12 (S. D.), 4.82±0.52 (S. D.), 2.31±0.51 (S. D.), 0,61±0,18 (S. D.), 2,24±0,03 (S. D.), 4,97±0,07 (S. D.), 0,05±0,02 (S. D.) e 12.37% do peso do casulo (gr), do peso da casca (gr), do peso da pupa (gr), do comprimento da casca (cm), da largura da casca (cm), da espessura da casca (mm), do comprimento do pedúnculo (cm), do peso do pedúnculo (gr) e da proporção da casca (%), respetivamente.

Na terceira colheita de 2008, os parâmetros pós-casulo da criação ao ar livre foram 12. 93±1.20 (S. D.), 1.53±0.37 (S. D.), 10.5±0.23 (S. D.), 5.63±0.41 (S. D.), 2.83±0.68 (S. D.), 0.82±0.73 (S. D.), 2.83±0.01 (S. D.), 5.34±0.04 (S. D.), 0,16±0,03 (S. D.) e 11,83%, enquanto que as do interior foram

11,12±1..24 (S. D.), 1,38±0,14 (S. D.), 8,94±0,54 (S. D.), 5,13±0,35 (S. D.), 2,42±0.69 (S. D.), 0.76±0.09 (S. D.), 2.33±0.05 (S. D.), 4.92±0.05 (S. D.), 0.04±0.01 (S. D.) e 12.41% do peso do casulo (gr), do peso da casca (gr), do peso da pupa (gr), do comprimento da casca (cm), da largura da casca (cm), da espessura da casca (mm), do comprimento do pedúnculo (cm), do peso do pedúnculo (gr) e da proporção da casca (%), respetivamente.

Na primeira colheita de 2009, os parâmetros pós-casulo da criação ao ar livre foram 10,35±1,65 (S. D.), 1,2±0,74 (S. D.), 8,25±1,63 (S. D.), 5,21±0,53 (S. D.), 2,38±0,75 (S. D.), 0.83±0,70 (S. D.), 2,13±0,04 (S. D.), 5,12±0,07 (S. D.), 0,06±0,01 (S. D.) e 11,69%, enquanto que as de interior foram 9,43±0,45 (S. D.), 1,17±0,04 (S. D.), 7,46±1,54 (S. D.), 4,93±0,25 (S. D.), 2,13±0,83 (S. D.), 0,77±0,31 (S. D.), 1,12±0,08 (S. D.), 6,12±0,08 (S. D.), 0,05±0,02 (S. D.) e 12.4% do peso do casulo (gr), peso da casca (gr), peso da pupa (gr), comprimento da casca (cm), largura da casca (cm), espessura da casca (mm), comprimento do pedúnculo (cm), peso do pedúnculo (gr) e proporção da casca (%), respetivamente.

Na segunda colheita de 2009, os parâmetros pós-casulo da criação ao ar livre foram 11. 23 ± 0.21 (S. D.), 1.22 ± 0.71 (S. D.), 9.11 ± 1.56 (S. D.), 5.15 ± 0.36 (S. D.), 2.65 ± 0.65 (S. D.), 0.85 ± 0.41 (S. D.), 2.83 ± 0.02 (S. D.), 5.32 ± 0.02 (S. D.), 0,03 ± 0,02 (S. D.) e 10,86%, enquanto que a do interior foi de 8,54 ± 1,32 (S. D.), 0,94 ± 1,02 (S. D.), 5,8 ± 1,43 (S. D.), 4,678 ± 0,74 (S. D.), 2.33 ± 0,02 (S. D.), 0,42 ± 0,22 (S. D.), 2,32 ± 0,05 (S. D.), 5,42 ± 0,04 (S. D.), 0,02 ± 0,01 (S. D.) e 11.0% do peso do casulo (gr), do peso da casca (gr), do peso da pupa (gr), do comprimento da casca (cm), da largura da casca (cm), da espessura da casca (mm), do comprimento do pedúnculo (cm), do peso do pedúnculo (gr) e da proporção da casca (%), respetivamente.

Na terceira colheita de 2009, os parâmetros pós-casulo da criação ao ar livre foram 11. 23 ± 0,21 (S. D.), 1,22 ± 0,71 (S. D.), 9,58 ± 0,23 (S. D.), 5,15 ±

0,36 (S. D.), 2,65 ± 0,65 (S. D.), 0,85 ± 0,41 (S. D.), 2,83 ± 0,02 (S. D.), 5,32 ± 0.02 (S. D.), 0,03 ± 0,02 (S. D.) e 10,86%, enquanto que a do interior foi de 8,54 ± 1,32 (S. D.), 0,94 ± 1,02 (S. D.), 7,83 ± 0,22 (S. D.), 4,678 ± 0,74 (S. D.), 2.33 ± 0,02 (S. D.), 0,42 ± 0,22 (S. D.), 2,32 ± 0,05 (S. D.), 5,42 ± 0,04 (S. D.), 0,02 ± 0,01 (S. D.) e 11.0% do peso do casulo (gr), do peso da casca (gr), do peso da pupa (gr), do comprimento da casca (cm), da largura da casca (cm), da espessura da casca (mm), do comprimento do pedúnculo (cm), do peso do pedúnculo (gr) e da proporção da casca (%), respetivamente.

Os parâmetros pós-casulo da primeira safra de 2010 de criação ao ar livre foram 12,76 ± 1,20 (S. D.), 1,65 ± 0,12 (S. D.), 10,21 ± 0,15 (S. D.), 5,872 ± 0,12 (S. D.), 2,87 ± 0,04 (S. D.), 0.81 ± 0,12 (S. D.), 2,67 ± 0,03 (S. D.), 5,32 ± 0,02 (S. D.), 0,03 ± 0,03 (S. D.) e 12,93%, enquanto que as de interior foram 11,73 ± 1,43 (S. D.), 1,32 ± 1,44 (S. D.), 9,61 ± 0.21 (S. D.), 5,232 ± 0,31 (S. D.), 1,98 ± 0,26 (S. D.), 0,74 ± 0,23 (S. D.), 2,99 ± 0,07 (S. D.), 5,33 ± 0,06 (S. D.), 0,04 ± 0,02 (S. D.) e 11.25% do peso do casulo (gr), do peso da casca (gr), do peso da pupa (gr), do comprimento da casca (cm), da largura da casca (cm), da espessura da casca (mm), do comprimento do pedúnculo (cm), do peso do pedúnculo (gr) e da proporção da casca (%), respetivamente.

Na segunda colheita de 2010, os parâmetros pós-casulo da criação ao ar livre foram 11,56 ± 1,21 (S. D.), 1,49 ± 0,82 (S. D.), 8,92 ± 0,32 (S. D.), 5,676 ± 0,42 (S. D.), 2,64 ± 0,65 (S. D.), 0.83 ± 0,06 (S. D.), 2,65 ± 0,04 (S. D.), 5,63 ± 0,07 (S. D.), 0,02 ± 0,01 (S. D.) e 12,88%, enquanto que as de interior foram 10,58 ± 2,16 (S. D.), 1,08 ± 1,65 (S. D.), 8,7 ± 0.54 (S. D.), 5,23 ± 0,23 (S. D.), 1,89 ± 0,31 (S. D.), 0,71 ± 0,12 (S. D.), 2,44 ± 0,03 (S. D.), 5,31 ± 0,07 (S. D.), 0,06 ± 0,03 (S. D.) e 10.20% do peso do casulo (gr), do peso da casca (gr), do peso da pupa (gr), do comprimento da casca (cm), da largura da casca (cm), da espessura da casca (mm), do comprimento do pedúnculo (cm), do peso do pedúnculo (gr) e da proporção da casca (%), respetivamente.

Na terceira colheita de 2010, os parâmetros pós-casulo da criação ao ar livre foram 12,11 ± 2,45 (S. D.), 1. 65,0 ± 1,45 (S. D.), 9,56 ± 1,54 (S. D.), 5,723 ± 0,54 (S. D.), 2,098 ± 0,42 (S. D.), 0.82 ± 0,01 (S. D.), 2. 23 ± 0,05 (S. D.), 5,76 ± 0,01 (S. D.), 0,09 ± 0,04 (S. D.) e 13,62%, enquanto que as de interior foram 10,17 ± 1,27 (S. D.), 1. 43 ± 0,32 (S. D.), 7,94 ± 1.42 (S. D.), 5,243 ± 0,74 (S. D.), 2,43 ± 0,21 (S. D.), 0,80 ± 0,02 (S. D.), 2,15 ± 0,08 (S. D.), 5,22 ± 0,06 (S. D.), 0,08 ± 0,03 (S. D.) e 14.0% do peso do casulo (gr), do peso da casca (gr), do peso da pupa (gr), do comprimento da casca (cm), da largura da casca (cm), da espessura da casca (mm), do comprimento do pedúnculo (cm), do peso do pedúnculo (gr) e da proporção da casca (%), respetivamente.

A partir dos estudos microscópicos, observa-se que, nos casulos criados no interior, havia menos lacunas e a espessura da fibra também era menor; por outro lado, observaram-se lacunas largas com filamentos espessos nos casulos criados no exterior.

Table: 30 Post cocoon characters of outdoor and indoor reared tasar silkworm *Antheraea mylitta* Drury (DabaTV) 2008-2010.

Year	Crop	Rearing	Reeled silk wt (grms)	Filament length (m)	Reelability (%)	Denier	Effective rate of rearing by weight	Effective rate of rearing by number
I (2008)	I (June-July)	Outdoor	0.421	396	4.0	9.56	50.7	56.0
		Indoor	0.408	424	3.96	8.66	57.2*	70.0*
	II (Aug – Sep)	Outdoor	0.434	495	3.67	7.89	65.7	53.6
		Indoor	0.444	651	4.32	6.13	68.7*	69.0*
	III (Dec- Jan)	Outdoor	0.446	672	3.44	5.9	81.5	53.3
		Indoor	0.465	962	4.18	5.49	84.5*	72.5*
II (2009)	I (June-July)	Outdoor	0.474	668	4.57	6.38	59.7	49.7
		Indoor	0.458	785	4.85	5.25	70.7*	60.5*
	II (Aug – Sep)	Outdoor	0.469	667	4.17	6.32	60.4	57.8
		Indoor	0.413	591	5.42	6.28	63.9*	68.0*
	III (Dec- Jan)	Outdoor	0.479	636	3.92	6.77	80.2	61.3
		Indoor	0.465	659	4.82	6.30	83.4*	72.6*
III (2010)	I (June-July)	Outdoor	0.478	778	3.74	6.44	93.8	57.5
		Indoor	0.464	627	3.95	6.22	94.1*	70.5*
	II (Aug – Sep)	Outdoor	0.491	645	3.98	6.91	76.4	64.8
		Indoor	0.401	531	4.40	6.79	76.4	70.7*
	III (Dec- Jan)	Outdoor	0.459	542	3.79	7.62	65.7	64.8
		Indoor	0.450	562	4.42	7.20	81.5*	75.5*

Os caracteres pós-casulo do bicho-da-seda tasar *A. mylitta* D. (Daba TV) de criação no exterior e no interior durante o período de 2008-2010 incluem o peso da seda enrolada (gr), o comprimento do filamento (m), a capacidade de enrolamento (%), o denier (%), a taxa efectiva de criação (TRE) por peso e a TRE por número são apresentados na tabela 30. Na primeira colheita de 2008, os caracteres pós-casulo da criação ao ar livre foram 0,421, 396, 4,0, 9,56, 50,7 e 56,0, ao passo que os da criação em recinto fechado foram 0,408, 424, 3,96, 8,66, 57,2 e 70,0, respetivamente, para o peso da seda enrolada, o comprimento do filamento enrolado, a capacidade de enrolamento, o denier, a taxa efectiva de criação (TRE) em peso e a taxa efectiva de criação (TRE) em número.

A segunda colheita de 2008 de criação ao ar livre de caracteres pós-casulo foi de 0,434, 495, 3,67, 7,89, 65,7 e 53,6, enquanto que a de criação em recinto fechado foi de 0,444, 651, 4,32, 6,13, 68,7 e 69,0 de peso de seda enrolada, comprimento do filamento enrolado, capacidade de enrolamento, denier, ERR por peso e ERR por número, respetivamente.

A terceira colheita de 2008 de criação ao ar livre de caracteres pós-casulo foi de 0,434, 495, 3,67, 7,89, 81,5 e 53,3, enquanto que a de criação em recinto fechado foi de 0,444, 651, 4,32, 6,13, 82,5 e 72,5 de peso de seda enrolada, comprimento do filamento enrolado, capacidade de enrolamento, denier, ERR por peso e ERR por número, respetivamente.

A primeira colheita de 2009 de criação ao ar livre de caracteres pós-casulo foi de 0,474, 668, 4,57, 6,38, 59,7 e 49,7, enquanto que a de criação em recinto fechado foi de 0,458, 785, 4,85, 5,25, 70,7 e 60,5 de peso de seda enrolada, comprimento do filamento enrolado, capacidade de enrolamento, denier, ERR por peso e ERR por número, respetivamente.

A segunda colheita de 2009 de criação ao ar livre de caracteres pós-casulo foi de 0,469, 667, 4,17, 6,32, 70,7 e 60,5, enquanto que a de criação em recinto fechado foi de 0,413, 591, 5,42, 6,28, 60,4 e 57,8 de peso de seda enrolada, comprimento do filamento enrolado, capacidade de enrolamento, denier, ERR por peso e ERR por número, respetivamente.

Na terceira colheita de 2009, os caracteres pós-casulo da criação ao ar livre foram 0,469, 667, 4,17, 6,32, 80,2 e 61,3, enquanto que os da criação em recinto fechado foram 0,413, 591, 5,42, 6,28, 83,4 e 72,6, respetivamente, para o peso da seda enrolada, o comprimento do filamento enrolado, a capacidade de enrolamento, o denier, o ERR em peso e o ERR em número.

Na primeira colheita de 2010, os caracteres pós-casulo da criação ao ar livre foram 0,478, 778, 3,74, 6,44, 93,8 e 57,5, ao passo que os da criação em recinto fechado foram 0,464, 927, 3,95, 6,22, 94,1 e 70,5, respetivamente, para o peso da seda enrolada, o comprimento do filamento enrolado, a capacidade de enrolamento, o denier, a ERR em peso e a ERR em número.

Na segunda colheita de 2010, os caracteres pós-casulo da criação ao ar livre foram 0,491, 645, 3,98, 6,91, 76,4 e 70,8, enquanto que os da criação em recinto fechado foram 0,401, 531, 4,40, 6,79, 76,4 e 70,7, respetivamente, para o peso da seda enrolada, o comprimento do filamento enrolado, a capacidade de enrolamento, o denier, o ERR em peso e o ERR em número.

Na terceira colheita de 2010, os caracteres pós-casulo da criação ao ar livre foram 0,459, 542, 3,79, 7,62, 65,7 e 64,8, enquanto que os da criação em recinto fechado foram 0,450, 562, 4,42, 7,20, 81,5 e 75,5, respetivamente, para o peso da seda enrolada, o comprimento do filamento enrolado, a capacidade de enrolamento, o denier, o ERR em peso e o ERR em número.

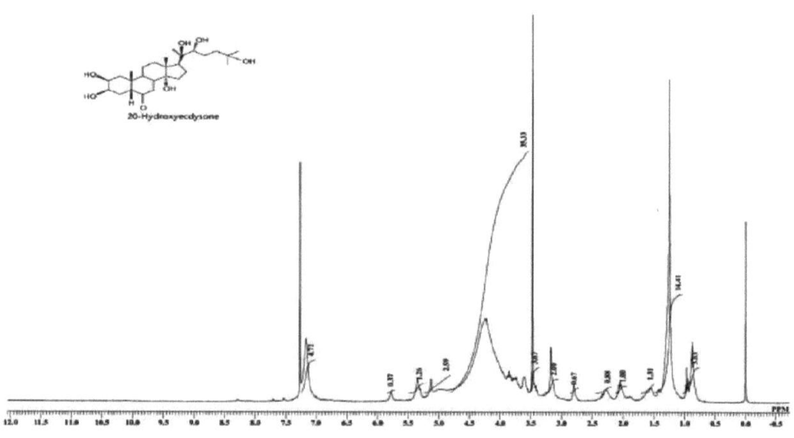

Fig : 100. Espectros de 1H NMR CDCl$_3$ e estrutura da 20-hidroxiecdisona

Os dados do espetro de 20-hidroxiecdisona H^1 NMR Spectrum são os seguintes: 0,85 (S, 3H, C18-CH), 0,87 (s, 3H, CI9-CH$_3$), 0,94 (s, 3h, C2I-CH$_3$), 0,96 (q, CH2, C16), 0,98 (t, CH$_2$, C12), 1.25(s, 6H, C27, C26-H), 1.54 (q, CH$_2$, C11), 2.05 (t, CH2, CH15), 2.06 (d, 2CH$_2$, C11, C12), 2.27 (q, CH, C17), 2.79(t, CH2,CH4), 3.16 (t, CH, C5), 3.47(d, CH$_2$, C1), 3.60(m, CH, C20), 3.73 (t, CH, C9), 3.85 (t, CH, C22), 4.23 (BRS, 6OH)5.12 (t, CH, C23), 5.34(t, CH, C24-H), 5.78 (t, 3CH, C2, C3, C25) e (s, CH, C7-H) (Fig.100).

Tabela 31: Quantificação de 20-Hidroxiecdisona, hormonas da Hormona Juvenil III do bicho-da-seda tasar *A. mylitta* D. (DabaTV) por HPLC para três colheitas, 2010.

Sl. Não	Cultura	Rearing	20-Hidroxiecdisona (µg)	Hormona Juvenil III (µg)
1	1	Ao ar livre	0.240	0.210
2		Interior	0.792	0.578
3	2	Ao ar livre	1.202	0.271
4		Interior	1.028	0.137
5	3	Ao ar livre	1.386	0.289
6		Interior	1.583	0.279

A quantificação hormonal da 20-Hidroxiecdisona e da hormona juvenil III do bicho-da-seda tasar, *A. mylitta* D. (Daba TV) ecorace durante as três colheitas de 2010 é apresentada no quadro 31. O nível da hormona 20-Hydroxyecdysone nos bichos-da-seda criados no exterior foi de 0,240, 1,202 e 1,386 µg, enquanto o dos bichos-da-seda criados no interior foi de 0,792, 1,028 e 1,583 µg. O nível da hormona juvenil III nos bichos-da-seda criados no exterior foi de 0,210, 0,271 e 0,289 µg, enquanto o dos bichos-da-seda criados no interior foi de 0,578, 0,137 e 0,279 µg.

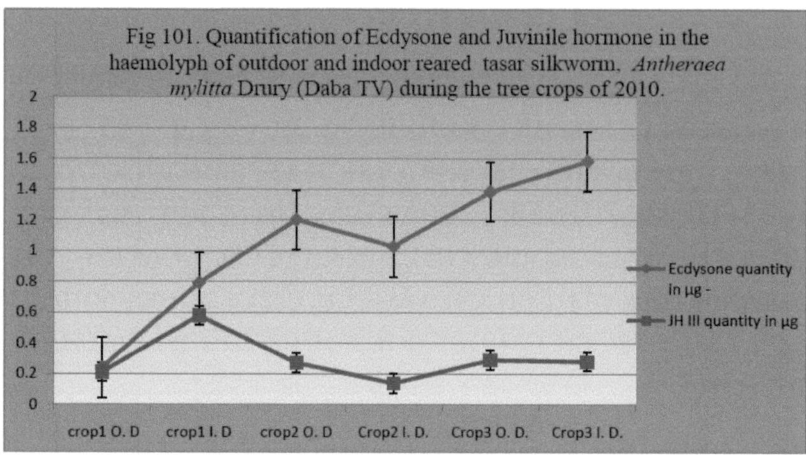

Fig 101. Quantification of Ecdysone and Juvinile hormone in the haemolyph of outdoor and indoor reared tasar silkworm, *Antheraea mylitta* Drury (Daba TV) during the tree crops of 2010.

CAPÍTULO 4

DISCUSSÃO

A sericultura sem amora é uma grande promessa económica para a silvicultura mundial como atividade suplementar (Jolly *et al.,* 1975), ajudando a travar a desflorestação e permitindo a utilização lucrativa da riqueza natural. O bicho-da-seda Tasar é uma estirpe completamente selvagem, no entanto, a sobrevivência e a propagação do bicho-da-seda dependem da raça dos vermes e do ambiente, que por vezes pode envolver condições desfavoráveis como chuva, granizo ou tempestade e expõe ao perigo constante de ser atacado por pragas e predadores. Além disso, as tribos seguem o método tradicional de criação, *ou seja,* as larvas, depois de transferidas para as plantas alimentares, selecionam regularmente as suas próprias folhas e são deixadas sem cuidados até à colheita dos casulos. Este método de criação não pode garantir o fornecimento de folhas de qualidade adequada durante os diferentes instares.

Foi principalmente para ultrapassar estes obstáculos que o conceito de ***"criação em recinto fechado"*** foi concebido há muitos anos (**Jolly *et al.,* 1971, 1973 & 1974**), com o objetivo de proteger as larvas durante as fases mais jovens do seu desenvolvimento. Estas tentativas incluem a criação de larvas de tasar até ao terceiro instar nos ramos cortados das plantas hospedeiras, pendurados em arame do teto de lona, mergulhando as extremidades cortadas em água, utilizando cobertura de polietileno e pulverizando água sobre as folhas. Nos anos subsequentes, alguns destes métodos foram integrados e modificados de forma eficaz e provaram ser bem sucedidos até à primeira muda, com perdas reduzidas de culturas. Foram comunicados outros esforços para melhorar as condições de criação, reduzir a perda de larvas e aumentar a taxa de produção (**Mira Madan *et al.,* 1991 e Thangavelu 1993**). **Choudhari *et al.,* (1987)** estudaram a criação do bicho-da-seda tasar *A. mylitta* D (Daba TV) e adoptaram a criação em recinto fechado dos vermes jovens (vermes Chawki), concluindo, com base na avaliação dos casulos, que a criação em curto espaço de tempo dos vermes tenros em condições de recinto fechado resultou numa diminuição da taxa de mortalidade e numa melhoria dos caracteres dos casulos. Devido aos problemas que enfrentam, tal como acima referido, é urgente proteger a cultura do tasar.

A domesticação do bicho-da-seda, *ou seja, **a técnica de criação em recinto fechado** a nível laboratorial, já foi bem sucedida e foi adoptada por muitos cientistas para realizarem os seus trabalhos de investigação sobre ecologia nutricional (**Rath *et al.*, 1999, Ojha *et al.*, 2000 e Sinha *et al.*, 2000**). Alguns trabalhos demonstraram também que as mariposas da seda podem ser criadas com êxito em condições de confinamento e que as lagartas tasar podem ser criadas em recintos fechados, durante anos, com base numa metodologia normalizada (**Patil e Savanurmath, 1987 & 1988**).

No entanto, o conceito de ***"criação total em recinto fechado"*** desde a larva de primeiro instar até à fiação do casulo foi relatado pela primeira vez no Laboratório de Sericultura da Universidade de Kakatiya (**G.Shamitha, 1998**), através da realização de uma extensa descrição comparativa do comportamento larvar, parâmetros físicos e bioquímicos, caracteres pós-casulo, incluindo os estudos de microscopia eletrónica de varrimento da casca e do filamento do bicho-da-seda tasar criado no exterior e no interior, *A. mylitta* D (ecorace local de Andhra). O estudo revelou-se encorajador do ponto de vista da ERR (Effective Rate of Rearing - taxa efectiva de criação) e do denier do filamento, mas a maioria dos caracteres pré e pós-casulo não estavam ao nível da criação no exterior. A presente investigação, que se baseia neste conceito, vai mais longe com equipamento de criação melhorado, criação sistemática e contínua de três culturas do bicho-da-seda Tasar, *A. mylitta* (Daba TV) durante três anos sucessivos (2008-2011).

Como melhoria em relação ao método tradicional de criação do bicho-da-seda tasar, foram tomadas medidas de poda regular da plantação de *Terminalia arjuna* e também a utilização de redes para evitar a ameaça de pragas e predadores. A poda é efectuada após a terceira colheita, de modo a que, com a chegada da primeira colheita, novos ramos, desta vez em maior número, estejam prontos para as larvas. Isto assegura uma folhagem uniforme e folhas saudáveis, resultando numa melhoria do rendimento da colheita. As plantas *de T. arjuna* são podadas até atingirem um metro e meio de altura e é respeitado um espaço de dois metros entre a planta e a rede, de modo a que os predadores, que se sentam na rede, não possam atacar os vermes. Uma outra vantagem deste método consiste em poder observar facilmente as minhocas, sem dobrar os ramos. O novo método de criação em interior aqui desenvolvido não implica nenhuma máquina sofisticada e pode ser praticado sem grande investimento. Nesta tentativa, foi adoptada uma forma mais simples de alimentação.

Os frascos cónicos também podem ser usados para a criação dentro de casa, visto que asseguram o fornecimento contínuo de água aos galhos (Shamitha, 2007). Nos instares iniciais, um frasco cônico pode acomodar até 200 - 300 minhocas jovens, mas nos instares tardios apenas cerca de 15-20 minhocas, cada uma pesando 25-30gms, podem ser cultivadas. Tais minhocas, quando atingem a extremidade do galho inserido no frasco cônico, tendem a cair por perderem a aderência aos galhos. Por conseguinte, o presente estudo sugere que se prefiram vasos de barro em vez de frascos cónicos. Também contribui para manter o nível de humidade através da evaporação constante da água no ambiente de criação e evita a deslocação das minhocas do local de criação.

A utilização de um vaso de barro é considerada uma melhoria para a criação em interior, uma vez que é ecológica e não só assegura o fornecimento contínuo de água aos ramos, como também evita a secagem precoce das folhas.

A criação de Chawki sob a rede de nylon sugerida por Mathur *et al.,* (1996) resultou numa perda mínima de larvas nos primeiros anos de criação, no entanto, durante a estação das chuvas, Singh *et al.*, em 2010, sugeriram a utilização de uma rede de nylon coberta de lona na criação em idade jovem para uma melhor produção de tasar.

As raças do bicho-da-seda tasar, sendo de natureza selvagem, podem tolerar uma vasta gama de temperaturas e humidade. Podem sobreviver a temperaturas e humidades relativas tão elevadas como 35° C e 90 - 100% e tão baixas como 9° C - 10° C e 30 - 40%, respetivamente. A temperatura óptima para a criação do bicho-da-seda Tasar é de 25 C-30^{00} C e a humidade relativa é de 70% - 80% e, como os níveis de humidade no ambiente também afectam o peso do bicho-da-seda e a sua capacidade de sobrevivência, o presente estudo tem por objetivo estudar o crescimento e o desenvolvimento do bicho-da-seda Tasar criado simultaneamente em condições exteriores e interiores.

A ***temperatura média*** e ***a humidade relativa*** no primeiro, segundo e terceiro anos de cultivo nas três culturas (junho-dezembro, 2008-2011), no ***cultivo ao ar livre,*** situaram-se sucessivamente entre 28°-33°C , 28°-35°C, 26°-29°C e 31-60%, 32-58%, 35-56%, respetivamente; enquanto que no primeiro, segundo e terceiro anos de criação nas três colheitas (junho-dezembro, 2008-2011), na ***criação em recinto fechado,*** se situaram sucessivamente entre 25°-31°C , 23°-31°C, 25°-27°C e 52-67%, 35-63%, 45-66%, respetivamente.

A partir dos dados acima referidos, observa-se que a temperatura nas condições exteriores é mais elevada do que a mantida nas condições interiores, enquanto a humidade é menor nas primeiras do que nas segundas.

Os factores físicos, nomeadamente a temperatura, a humidade, a precipitação e o fotoperíodo, afectam a biologia e o voltinismo dos bichos-da-seda. Os efeitos dos factores físicos criam um novo âmbito de manipulação do voltinismo para aumentar a produtividade da seda. A má qualidade e produtividade das raças podem ser atribuídas às condições de alta temperatura e baixa humidade caraterísticas das condições climáticas tropicais. É corroborado pelo recente relatório que - a combinação de factores abióticos (altitude, temperatura máxima e mínima, fotoperíodo) e bióticos (duração das larvas, peso do casulo, ração de seda, etc.) afecta a diversidade de ecoráceas do bicho-da-seda tasar e que a baixa temperatura reflecte um baixo número de ciclos de vida/ano (Nitu e Roy, 2011).

A produção de casulos e *a perda de vermes* no primeiro, segundo e terceiro anos de criação nas três culturas (junho-dezembro, 2008-2011), na *criação ao ar livre*, foram de 53-56%, 49-61%, 57-65% e 44-50%, 38-50%, 32-42%, respetivamente; enquanto que no primeiro, segundo e terceiro anos de criação nas três culturas (junho-dezembro, 2008-2011), na *criação em recinto fechado,* foram sucessivamente de 69-72.5%, 60-73%, 70-75% e 27-31%, 2739%, 24-29%, respetivamente.

A partir dos dados acima sobre o desempenho da criação, infere-se que *a produção de casulos na criação em recinto fechado é superior à da criação ao ar livre, enquanto a perda de casulos é maior na criação ao ar livre, o que é uma observação significativa e comercialmente importante.*

Chaudhuri *et al.,* (1999), trabalhando sobre o efeito da variabilidade climática na produtividade de casulos de *A. assama* (bicho-da-seda Muga), elucidaram que a altitude, a localização e a pluviosidade também influenciam a produtividade dos casulos e também identificaram a necessidade de desenvolver tecnologias de criação em recintos fechados.

A partir dos presentes estudos, pode inferir-se que uma maior humidade relativa (HR) nas condições interiores desempenhou um papel importante. Vários factores desempenham um papel importante durante a criação do bicho-da-seda para uma produção bem sucedida de casulos (Benchamin & Jolly, 1986). O desempenho da raça do bicho-da-seda *(Bombyx mori* L.) para diferentes parâmetros depende muito do potencial genético, bem como das condições ambientais durante o período de criação (Mathur *et al.*, 1997). Alguns investigadores (Yokoyama, 1962; Mutswmura, 1975) relataram o efeito adverso do declínio da humidade relativa durante a criação de larvas na fisiologia dos bichos-da-seda, o que resultou numa fraca produção de casulos. Com uma humidade baixa, as larvas perdem uma quantidade considerável de água do seu corpo, o que resulta num metabolismo ineficiente e numa menor conservação de energia. Alguns trabalhadores (Vishwanath *et al.*, 1987) são da opinião de que as variações sazonais de temperatura e humidade relativa e a alimentação com diferentes folhas de amoreira de diferentes variedades influenciam o desempenho das larvas do bicho-da-seda. Verificou-se que a taxa de sobrevivência das larvas do bicho-da-seda era significativamente influenciada pela variação da humidade relativa na gama de 55 a 80% (Pandey & Tripathi, 2008).

Os dados estatísticos sobre a ***incidência de doenças*** no presente estudo, nas três culturas/ano, durante três anos consecutivos, indicam que as perdas devidas a doenças bacterianas e virais na criação ao ar livre são muito mais elevadas do que na criação em recintos fechados, enquanto se observa um aumento marginal das doenças fúngicas nas condições de criação em recintos fechados do que nas de criação ao ar livre. O efeito da incidência esporádica de pebrina foi mais ou menos o mesmo em ambas as condições de criação. Devido à perda de minhocas em condições externas devido à chuva e a pragas (o que não foi observado em condições internas), houve uma diminuição na perda percentual total em condições externas. No entanto, a taxa efectiva de criação (em número) mostrou um aumento ocasional em algumas das culturas nos três anos de criação em recinto fechado.

Mahobia e Yadav (2010), a fim de identificar razões específicas para a baixa produtividade de *A. mylitta,* a criação do bicho-da-seda Tasar, realizaram uma pesquisa no ecorace de Daba no Bastar Plateau de Chattisgarh durante 2003-04, com base nos dados indicados que 15,01% da incidência bacteriana, seguida por 12,08% de virose, 10,58% de Pebrine e os outros representaram 7,07% nos níveis de larva, traça e casulo. Devido a estes efeitos, 28,27% do ERR em 1st colheita diminuiu 11,46% registado como 17,11% do ERR em 2nd colheita foi sugerido que a aplicação de pacotes integrados que inclui o uso de rede de nylon para a criação de Chawki, micróbios da superfície da folha, Resham Jyothi aumentou o rendimento do casulo em 25-40%.

Tendo em conta as frequentes perdas de colheitas em áreas tropicais devido ao agravamento de doenças do bicho-da-seda, associadas a condições climáticas desfavoráveis, apesar das medidas de desinfeção adoptadas, o presente estudo oferece um futuro promissor para a criação em recinto fechado do bicho-da-seda selvagem, agora semi-domesticado, para a realização de muitos sericologistas, que ainda estão a fazer esforços concertados para a domesticação completa deste bicho-da-seda selvagem. Uma observação importante deste estudo é a diminuição da incidência de doenças bacterianas e virais e a ausência de perda de bichos devido à chuva e a pragas no método de criação em recinto fechado. Isto também é corroborado pela opinião de que um genótipo com resistência a doenças tem sempre muito mais hipóteses de sobreviver (Sudhaker Rao *et al.,* 2006).

A perda de minhocas devido a *pragas* é mínima ou nula na criação em recinto fechado, devido às medidas tomadas para a prevenção de pragas e predadores, e alarmantemente maior nas condições de criação ao ar livre, que estão constantemente expostas aos inimigos naturais. Nos presentes estudos, um certo número de pragas, como o percevejo, a vespa comum, o percevejo-das-rochas e o louva-a-deus, estavam entre as pragas comuns das larvas do bicho-da-seda tasar. Os casulos exteriores foram geralmente atacados por formigas vermelhas, o que sugere a necessidade de medidas desinfectantes eficazes.

O predador *Xanthopimpla*, vulgarmente conhecido como mosca amarela ou mosca ichneumon, é um dos principais endoparasitas do bicho-da-seda tasar, uma vez que, atualmente, 1020% dos casulos de sementes de tasar produzidos no país estão a ser afectados pela mosca amarela, que é capturada manualmente e morta pelos adultos no campo de criação, bem como nas salas de preservação de casulos de sementes com varas de goma (Rakesh Gupta 2009).

No entanto, a percentagem *de perda de minhocas devido à deslocação* no campo de criação ao ar livre é inferior à das condições de criação em recinto fechado, uma vez que este último método de criação é um processo algo laborioso, o que abre caminho para um maior aperfeiçoamento da técnica.

O padrão da *percentagem de mortalidade* revelou-se muito interessante, na medida em que a doença viral causa a mortalidade mais elevada tanto em condições de exterior como de interior, seguida de perdas devidas a doenças bacterianas e de deslocação, embora em menor grau em condições de interior do que de exterior. A incidência de doenças fúngicas foi muito menor em comparação com as anteriores, embora tenha sido ligeiramente maior nas condições de criação em recinto fechado. A doença de Pebrine, que era muito rara, afectou os dois tipos de criação na mesma medida. O presente estudo indica que a criação em recintos fechados realizada a temperaturas mais baixas e em condições desinfectadas pode minimizar a doença da pebrina até certo ponto e que são necessárias medidas melhoradas para controlar a doença, a fim de reduzir a mortalidade (Shiva Kumar e Shamitha, 2009). *A conclusão mais significativa dos presentes estudos é que as perdas devidas a pragas são mínimas ou nulas e que as perdas devidas à precipitação são nulas na criação em recintos fechados.*

Os comprimentos médios dos vermes em diferentes instares não mostraram qualquer padrão regular em ambas as condições de criação, no entanto, foi observado um ligeiro aumento no comprimento dos vermes criados no interior na maioria dos instares no período de estudo em causa. *Os pesos larvares* médios das minhocas em diferentes instares indicaram que, nos primeiros instares, são ligeiramente maiores nas minhocas de exterior do que nas de interior, e aumentaram gradualmente no quarto instar, tendo sido observados pesos consideravelmente mais elevados nas minhocas criadas em condições de exterior, de forma uniforme nas três culturas, durante anos consecutivos. É possível que o confinamento tenha o seu impacto no peso corporal. Jayaprakash *et al.* (1993) registaram uma redução do peso das larvas devido à criação no interior até ao terceiro instar.

O teor de trealose na hemolinfa e no corpo adiposo do quarto e quinto instares foi mais elevado nos bichos-da-seda tasar criados em recintos fechados do que nos criados ao ar livre, nas três culturas, enquanto que no quinto instar foi mais ou menos igual na glândula da seda de ambas as condições de criação.

No presente estudo, uma análise comparativa do crescimento do bicho-da-seda tasar, *A. mylitta* D. (Daba TV), criado em condições interiores e exteriores, observou que, nos bichos-da-seda de interior, criados a uma temperatura e humidade inferiores às das condições exteriores, o crescimento é idêntico ao dos bichos-da-seda de exterior nos primeiros instares, mas há uma ligeira diminuição do peso no quarto e quinto instares. (Shiva Kumar *et.al,* 2011)

A trealose é o principal dissacárido metabolicamente ativo e não redutor do sangue dos insectos (Wyatt e Kalf, 1957), que é sintetizado no corpo adiposo (Candy e Kilby, 1959) e utilizado durante a fiação, o voo e a fome dos insectos (Saito, 1960; Horie, 1961). Uma vez que a hemolinfa serve de reservatório para a maior parte das substâncias bioquímicas necessárias a todas as actividades fisiológicas, a alteração da composição da hemolinfa reflecte as alterações morfogénicas e bioquímicas dos tecidos dos insectos (Pawar e Ramakrishnan, 1977). A quantidade absoluta de trealose presente no corpo adiposo está diretamente relacionada com o glicogénio existente no tecido e a produção de trealose no corpo adiposo dos insectos é influenciada por uma série de factores endógenos orgânicos e inorgânicos (Downer, 1979). O aumento da trealose na hemolinfa pode possivelmente dever-se à conversão de glicogénio em trealose e à sua subsequente libertação na hemolinfa pelo corpo adiposo (Bhattacharya, 2005).

A síntese e a degradação da trealose estão sob controlo hormonal, envolvendo tanto factores hipertrehalosémicos como hipotrehalsónicos. No entanto, a concentração de trealose no sangue não é regulada de forma homeostática. Pelo contrário, a trealose ocorre em níveis altamente variáveis, tipicamente entre 5 e 50 mm, dependendo das condições ambientais, do estado fisiológico e da nutrição (Thompson, 2003)

Sinha *et al.,* (1994) estudaram as variações no conteúdo total de hidratos de carbono na hemolinfa larvar de nove ecoráceas. Verificou-se que, em cada instar das larvas, o teor de hidratos de carbono é significativamente mais elevado na ecorácea de Daba do que nas outras oito ecoráceas, *nomeadamente* Bhandara, Raily, Simlipal, Modal, Laria, Lodhma, Sukinda e Sarihan.

Verificou-se que o ***teor de proteínas*** na hemolinfa do quarto e do segundo instares era mais elevado em todas as três culturas do bicho-da-seda tasar criado no interior. Pelo contrário, no corpo adiposo foi mais elevado nos bichos-da-seda criados no exterior. O teor de proteínas na glândula da seda das larvas de quinto instar dos bichos-da-seda criados no exterior também foi mais elevado.

A presente análise por SDS-PAGE mostrou a presença de proteínas na gama de 20-114 kD de peso molecular na hemolinfa. Um estudo sobre os aminoácidos da hemolinfa e o perfil proteico por SDS - PAGE em *A. mylitta* sugeriu que as proteínas têm um papel principal no crescimento e desenvolvimento da larva (Barsagade & Tembhare, 2004). Alguns estudos também demonstraram o potencial anti-oxidante da sericina extraída por SDS - PAGE do casulo de *A. mylitta* exposto a $H O_{22}$ durante 24 horas

(Rupesh *et.al,* 2007). Uma vez que se trata de um trabalho preliminar, é necessário efetuar análises de proteínas específicas *(por exemplo:* armazenamento, proteínas, sericina, fibroína, *etc.)* para conhecer as diferenças proteicas na hemolinfa do bicho-da-seda *A. mylitta* D (Daba TV) criado no exterior e no interior.

Como já foi referido, a hemolinfa, que serve de reservatório de uma série de nutrientes e metabolitos, sofre flutuações fisiológicas na sua composição em diferentes fases de desenvolvimento. A nutrição proteica é importante para as larvas do bicho-da-seda devido à sua utilização ativa de substâncias azotadas que envolvem a síntese da proteína da seda. O aumento do teor de proteínas na hemolinfa e a sua diminuição no corpo adiposo nos bichos-da-seda de interior pode dever-se à libertação do excesso de proteínas do corpo adiposo para a hemolinfa e ao aumento simultâneo da glândula da seda.

A exposição a baixas temperaturas estimula a acumulação de crioprotectores de baixo peso molecular e a síntese de algumas proteínas anticongelantes (Duman *et al.* 1991 e Anitha Singh *et al.,* 2010). O estudo acima referido revelou que o aumento do teor de proteínas no tecido hemolinfático das larvas sujeitas a stress pelo frio reflecte a quantidade reduzida de alimentos ingeridos a baixa temperatura. Isto confirma que as proteínas não são uma fonte de energia em ambientes mais frios, mas estão envolvidas na redução dos pontos de sobrearrefecimento e de congelação, protegendo assim as larvas de lesões causadas por cristais de gelo (Zhao 1997, Omna e Gopinathan 1995). Esta razão pode fundamentar o facto de o conteúdo proteico ser maior na hemolinfa mas não na glândula da seda de minhocas criadas no interior. Também foi revelado que as proteínas e os aminoácidos se acumulam mais nas larvas e pupas diapausadas do que nas não diapausadas do bicho-da-seda tasar, *A. mylitta,* para serem usadas para a sobrevivência em condições climáticas adversas durante a diapausa (Rahile *et al.,* 2015).

A concentração de proteínas da hemolinfa em *Bombyx mori* sugere o seu papel no crescimento e na metamorfose das larvas, em vez de contribuir para a síntese de proteínas da seda, e também foi estabelecido que as proteínas da hemolinfa diferem das proteínas da seda em termos de peso molecular, mRNAs e tRNAs e genes (Levenbook, 1985).

Tal como todos os outros animais, o crescimento e o desenvolvimento dos insectos estão associados ao metabolismo das proteínas (Man Singh e Baquaya, 1971). Nos bichos-da-seda, a atividade de síntese de proteínas da parede do corpo e do intestino médio diminuiu quando as larvas começaram a mudar de penas e aumentou novamente a partir do meio do período de muda (Nagota, 1976). Foi observado um aumento acentuado nos tecidos do bicho-da-seda em temperaturas mais baixas (Radha Pant 1984). Esta constatação pode também ser corroborada por estudos anteriores, segundo os quais as diferenças quantitativas nos hidratos de carbono, trealose, proteínas e aminoácidos no quinto instar de *A. mylitta* D, criado em recinto fechado, no ecorace local de Andhra (Shamitha, 2008) se devem principalmente a factores ambientais e a alterações qualitativas na folha, fotoperiodismo, etc. A produção de seda de boa qualidade e em quantidade depende da nutrição e do estado de saúde das larvas, que é influenciado pela qualidade das folhas fornecidas como alimento. Assim, pode inferir-se que, embora tenham sido selecionadas folhas saudáveis para a criação em recinto fechado, a fim de aumentar o teor de proteínas na glândula da seda, as folhas podem ser mergulhadas em quantidades vestigiais de minerais (potássio, cálcio, magnésio, etc.), uma vez que se verificou que estimulam a atividade enzimática e os processos metabólicos (Thangavelu & Bania, 1990).

O teor de lípidos na hemolinfa e no corpo adiposo do quarto e quinto instares das três culturas mostrou-se mais elevado nos bichos-da-seda tasar criados no exterior do que nos criados no interior. Os teores de hidratos de carbono e de lípidos constituem componentes essenciais das necessidades energéticas gonadais. Os lípidos dos insectos funcionam como um componente essencial e integral de todas as membranas e são uma fonte importânte de energia metabólica para a manutenção celular, o voo, a reprodução, a embriogénese e a metamorfose. Sinha *et al.* (1994) estudaram o teor de lípidos na hemolinfa de pupas intra-sexo de Daba, Modal, Raily, Laria, Sukinda, Bhandara e Sarihan. Não foram observadas diferenças significativas entre a população masculina e feminina destas ecoráceas. Contudo, as alterações nas macromoléculas e no seu metabolismo dependem diretamente do estado da nutrição. Verificou-se que as minhocas criadas em recintos fechados eram menos activas na alimentação, com movimentos limitados. Por conseguinte, a deposição de lípidos e o teor de proteínas foram relativamente mais baixos do que no exterior (Shamitha, 2005).

A *atividade proteolítica* no quarto e no segundo instares do bicho-da-seda tasar criado no interior foi significativamente mais elevada do que a dos criados no exterior nas três culturas. Os relatórios disponíveis sobre o aumento da atividade de protease do intestino médio do quinto instar *de Bombyx mori* foram atribuídos à qualidade das folhas de amoreira para a digestão e absorção de açúcar e ao teor de proteínas das folhas de amoreira com o subsequente aumento da hemolinfa e da glândula da seda (Thirumanlaswamy *et al.,* 2009).

A *atividade da amilase* no quarto e quinto instares do bicho-da-seda tasar criado no interior foi significativamente mais elevada do que a dos criados no exterior nas três culturas. É uma das principais enzimas envolvidas na digestão e no metabolismo dos hidratos de carbono nos insectos (Daone *et al.,* 1975, Horie *et al.,* 1980). A atividade da amilase aumenta abruptamente durante os instares III e IV e atinge o valor mais elevado no último período dos instares IV e V, diminuindo durante a centrifugação (Tanaka e Kusana, 1980). O aumento da atividade da amilase nos vermes criados em interior é consistente com o relatório sobre amilases no bicho-da-seda, *Bombyx mori,* que revelou um aumento da atividade da amilase e uma digestão eficiente do amido na estirpe não diapausa, o que pode ter um significado adaptativo e uma melhor capacidade de sobrevivência do que as estirpes diapausa (Abraham *et al.*, 1992). Os presentes estudos são estudos comparativos da atividade da amilase no bicho-da-seda Tasar *A. mylitta.* D (Daba TV).

A temperatura dos bichos-da-seda tasar criados no exterior é mais elevada, enquanto a humidade relativa é inferior à dos criados no interior, em ambos os instares, na cultura I e na cultura II.

A atividade média da amilase no suco digestivo dos vermes de interior dos instares IV e V é superior em 0,48 e 0,12 mg/min/ml, respetivamente, na primeira colheita (Shiva Kumar e Shamitha, 2011). O teor médio de amilase no suco digestivo dos vermes de interior dos instares IV e V é superior em 0,57 e 0,41 mg/min/ml, respetivamente, na segunda colheita. Observa-se que há um aumento da atividade da amilase da cultura I para a cultura II e também um aumento nas larvas criadas no interior do que nas criadas no exterior, o que pode dever-se ao aumento da humidade relativa, uma vez que o desempenho das larvas é principalmente afetado pelas actividades metabólicas dos vermes, que dependem da humidade (Panday e Tripathi 2008).

Os insectos podem digerir parcialmente os polissacáridos através de secreções salivares e a decomposição completa do amido tem lugar no intestino médio, onde existem grandes quantidades de amilase (Boyd 2003). A maioria dos insectos lepidópteros vive com uma dieta rica em polissacáridos e necessita de amilases digestivas para decompor e utilizar o amido das suas fontes alimentares. Estas amilases desempenham um papel muito importante na digestão do amido e na sobrevivência dos insectos. A digestão do amido por amilases de insectos foi demonstrada e descrita em várias espécies de insectos: *Drosophila melanogaster-* Diptera: Drosophilidae (Doane 1969), *Prostephanus truncatus* - Coleoptera: Bostrichidae (Mendiola *et al.,* 2000), *Sitophillus zeamais* -Coleoptera: Curculionidae (Baker 1983), *Sitophillus orizae* -Coleoptera: Curculionidae

(Yetter *et al* 1979, Baker 1987) e *Zabrotes subfasciatus* -Coleoptera: Bruchidae (Lemos *et al.,* 1990).

De um estudo bioquímico recente sobre *Bombyx mori*, (Thirumalaisamy *et al.,* 2009), verificou-se que as larvas alimentadas com folhas de amoreira VI continham níveis elevados de hemolinfa e de proteína da glândula da seda, o que sugere uma maior produtividade da seda e também um aumento da atividade da protease e da amilase. A partir dos presentes estudos, o aumento da atividade de amilase das larvas criadas em interior pode ser atribuído ao facto de terem sido alimentadas com ramos selecionados, em contraste com as criadas no exterior, que foram criadas em árvores inteiras (Gamo 1983), que demonstrou que as estirpes de *B. mori* com elevada atividade de amilase apresentaram maior crescimento e sobrevivência do que as estirpes de baixa atividade quando as larvas foram criadas em folhas endurecidas.

Um estudo sobre a correlação entre o rendimento e os parâmetros bioquímicos mostrou que o ERR estava positivamente correlacionado tanto com a amilase digestiva como com a protease alcalina digestiva. Este estudo revelou também a importância da atividade da amilase digestiva para a sobrevivência do bicho-da-seda e revelou a incapacidade de outras enzimas afectarem esta relação. A identificação da invertase e da fosfatase alcalina como marcadores substitutos para a expressão do peso da casca, com referência à sua relação com a amilase, é considerada como o marcador bioquímico mais importante para a sobrevivência (Chatterjee *et al.,* 1993). A amilase digestiva foi identificada como um marcador útil para a reprodução no bicho-da-seda, *Bombyx mori* L (Lepidoptera: Bombycidae), devido à sua ampla divergência genética e ao seu papel numa melhor digestibilidade e robustez (Ashwath *et al.,* 2010).

Embora tenha sido efectuado um estudo pormenorizado das amilases digestivas em *Bombyx mori* (Kanakatsu 1978), existem apenas alguns relatórios sobre *A. mylitta* (Nagaraju e Abraham 1995). Segundo Hori

(1969), num estudo sobre a amilase salivar dos insectos, certos compostos alimentares podem estimular ou inibir as enzimas digestivas. Os estudos sobre a relação entre a atividade da amilase e os caracteres quantitativos em *Bombyx mori* revelaram que as estirpes de bicho-da-seda com maior atividade de amilase apresentavam melhor peso do casulo, peso da casca e percentagem de casca, e que a taxa de síntese de amilase depende da taxa de alimentação. No bicho-da-seda, *Bombyx mori,* e em muitas outras espécies de insectos, o sucesso da adaptação depende do nível de amilases digestivas (Hirata e Yosuo 1974).

O intestino médio de *Eurygaster maura,* inseto adulto, foi recolhido e o seu intestino isolado e caracterizado para determinar a atividade da a-amilase por Mohammad Mehrabadi e Ali R. Bandani (2009). Os resultados mostraram que a atividade da a-amilase no intestino médio era de 0,083 U/inseto. O pH e a temperatura óptimos para a atividade enzimática foram determinados como sendo 6,0-6,5 e 3035°C, respetivamente. A atividade enzimática foi inibida pela adição de EDTA (ácido etilenodiamino tetra-acético), ureia, $CaCl_2$, $MgCl_2$ e SDS, mas Mg^{2+} , NaCl e KCl aumentaram a atividade enzimática.

Kumbhar *et al.,* (2009) estudaram o efeito da temperatura óptima, do tempo, da constante de Michaelis, da termolabilidade e da curva de velocidade da trealase em larvas de quinto instar de *A. proylei* e revelaram que o pH ótimo e a temperatura óptima da trealose do intestino médio eram 6,0 e 40°C, respetivamente, e o valor de Km obtido foi de 2,11 x 10^{-3} M. A inibição de 50% a uma temperatura superior a 60°C foi de 11 minutos. A atividade específica foi de 0,9825 µg de proteína/h.

Verificou-se que *a atividade da lipase* no quarto e quinto instares da primeira e terceira culturas era mais elevada nas minhocas criadas no interior, enquanto que era ligeiramente mais elevada nas minhocas criadas no exterior da segunda cultura. As lipases têm um papel chave na aquisição, armazenamento e mobilização de lípidos dos insectos e são também fundamentais para muitos processos fisiológicos sob a forma de fiação, reprodução dos insectos, desenvolvimento, defesa contra agentes patogénicos e stress oxidativo e sinalização de feromonas (Horne *et al.*, 2009). O aumento da atividade da lipase na primeira e na terceira colheitas em condições de interior pode estar relacionado com o stress devido à alteração das condições ambientais da metodologia selvagem e tradicional.

Ramesh *et. al.* (2010) estudaram a atividade da lipase durante o desenvolvimento larvar de um inseto, *L. Orbonalis, e* revelaram que o aumento gradual da atividade da lipase larvar foi observado a partir de 1st dia de idade das larvas, no mínimo, até 8th dias de idade das larvas, que mostraram uma atividade máxima a pH 7,8 e uma diminuição gradual a partir de 8th dias de idade das larvas até 11 dias de idade das larvas.

A duração do período larvar varia entre a criação no exterior e a criação no interior. O período larvar criado em interior foi menor quando comparado com o do cultivo no exterior. Isto pode dever-se ao facto de ter sido fornecida comida suficiente e de boa qualidade duas vezes por dia aos bichos-da-seda criados no interior e de não ter havido flutuações climáticas que permitissem uma alimentação contínua, o que levou a uma fiação precoce. Os bichos-da-seda criados no exterior, durante o quinto instar, alimentam-se vorazmente e esvaziam os galhos cedo, ocupando-se em procurar folhas até encontrarem uma boa folha. A hormona juvenil é uma hormona muito importante que controla o período larvar do bicho-da-seda. Foram observados baixos níveis de hormona juvenil em bichos-da-seda criados em interior durante o terceiro ano no quinto instar da segunda e terceira colheitas.

No presente estudo, as larvas criadas em recintos fechados foram alimentadas com folhas selecionadas e de qualidade sob uma relação luz/dia de 13:11 horas, em comparação com 12:12 horas em condições exteriores. O aumento da amilase e da atividade proteolítica na criação em recinto fechado pode dever-se à nutrição e ao fotoperiodismo, uma vez que a luz influencia indiretamente as actividades enzimáticas nos tecidos dos insectos e a exposição direta à mesma regula a síntese e a libertação das suas neuro-hormonas (Danilevskii, 1965). Um estudo sobre o efeito do fotoperodismo nas actividades enzimáticas e nos metabolitos sugeriu que uma atividade elevada das enzimas estimula a hormona do corpo cardíaco através da ativação de fosforilases que induzem a degradação do glicogénio (Radha e Geetha, 1982).

A qualidade dos alimentos ingeridos, a sua digestibilidade e a sua utilização influenciam o crescimento, o tempo de desenvolvimento, o peso das larvas, a sobrevivência, a síntese de seda e a reprodução (Rath, 2010).

O período de muda do bicho-da-seda tasar, *A. mylitta* D. (Daba TV), criado ao ar livre, mostrou uma longa duração quando comparado com o da criação em recinto fechado. Durante o período de criação, tomou-se o devido cuidado com os bichos-da-seda que se encontravam em fase de muda, separando-os do ambiente de criação e mantendo-os sem perturbações até ao fim do período de muda. Os bichos criados ao ar livre são frequentemente perturbados por outros bichos, pelo vento, por insectos nocivos, etc. Por vezes, a chuva também pode aumentar o período de muda. Este processo de muda é controlado pela hormona da muda ou Ecdysone - precursor da 20-hidroxiecdysona (Wigglesworth 1954). Verificou-se que os níveis de 20-hidroxiecdisona eram mais elevados nas minhocas criadas no interior do que nas minhocas criadas no exterior. Este facto pode ser atribuído à muda precoce nas primeiras.

Os insectos têm um exoesqueleto rígido e têm de mudar para crescer, e a muda é a base da metamorfose, uma vez que as transformações ocorrem através das mudas. A hormona da muda tem uma estrutura ecdisteróide e, durante as fases juvenis, é sintetizada pelas glândulas protorácicas (Wigglesworth 1954). No final de cada fase, a produção de ecdisteróides aumenta rapidamente, atinge valores máximos e depois diminui e permanece baixa até ao ciclo de muda seguinte (Riddiford *et al.*, 2003).

O crescimento, o desenvolvimento e a reprodução do bicho-da-seda são regulados pelas hormonas, *nomeadamente* a **hormona da muda** ou *ecdysone* (20-hidroxiecdysone), que tem uma estrutura ecdisteróide (segregada pelas glândulas protorácicas), que ativa as células epidérmicas para produzir um novo exoesqueleto e um fluido de muda, e *a hormona juvenil*, que tem uma estrutura terpenóide e é segregada pelos corpos alados. Quando ambas - ecdysones e JHs estão presentes, o crescimento e a muda ocorrem, mas as caraterísticas larvares são perpetuadas no próximo instar imaturo. Quando o JH está ausente ou em baixa concentração, as ecdysones induzem a metamorfose do imaturo em adulto. Os ecdisteróides e as hormonas juvenis são as principais hormonas que regulam a muda, a reprodução e a diapausa nos insectos (Gade *et al.*, 1997).

Estas são as principais hormonas que controlam a muda larvar e a duração da larva, para além da hormona de ativação ou hormona cerebral (segregada pelo cérebro ou pelas células neurossecretoras), da hormona da diapausa (segregada pelo gânglio subesofágico), PTTH (hormona protoracicotrópica (segregada pelas células neurosecretoras do protocérebro), hormona de eclosão e outras hormonas peptídicas envolvidas na regulação da ecdise e da emergência (Wigglesworth, 1954, Kopec 1922, Fukuda, 1951 e Hasegawa, 1951). Uma vez que as JH desempenham um papel crucial no desenvolvimento, reprodução e comportamento dos insectos e regulam a muda larvar e pupal, a ecdisona promove o crescimento ao iniciar o processo de muda, a pupa ou o período larvar e estas duas hormonas são quantificadas nas larvas de quinto instar criadas no exterior e no interior.

A *quantificação da ecdysone* em bichos-da-seda tasar criados no exterior e no interior revelou que, na primeira e na terceira colheitas, era mais elevada nos bichos-da-seda criados no interior, por outro lado, verificou-se que era mais elevada nos bichos-da-seda criados no exterior na segunda colheita. As flutuações nas quantidades de ecdysone podem ser explicadas em relação às variações ambientais, à disponibilidade de alimentos e à qualidade das folhas durante o período de criação. A ecdisona tem um papel essencial na coordenação das principais transições de desenvolvimento, como a muda e a metamorfose das larvas, e os seus níveis são significativamente afectados pelas condições ambientais. Uma temperatura elevada e uma carência nutricional resultam num aumento dos níveis de ecdysone (Hiroshi *et al.*, 2009).

A hormona ecdysone é segregada pela glândula protorácica (PTG), as suas funções são promover o crescimento iniciando o processo de muda, pupa ou período larvar e também um fator importante para a promoção e manutenção da síntese de fibrina na glândula posterior da seda (Shigematsu e Moriyama, 1970). Estimula as reacções enzimáticas nos processos metabólicos, como o sistema citocromo oxidase, que regula o metabolismo e o crescimento normais (Williams, 1954), e a DOPA descarboxilase, que é uma enzima-chave para a síntese de glicogénio no corpo adiposo (Kobayashi e Kimura, 1967). Também influencia o desenvolvimento dos ovários durante a fase larvar de muitos insectos e também aumenta a taxa de mutação no bicho-da-seda através da ecdisona (Tazima, 1951).

A 20-hidroxiecdisona, com uma fórmula molecular de $C_{22}H_{44}O_6$, é extraída da hemolinfa e detectada pela reação de cor em TLC (cromatografia líquida fina) com p-anisaldeído e análise por RMN de[1] H (ressonância magnética nuclear de protões). As ressonâncias de metilo no espetro[1] H NMR a δ 1,25, 1,54 e 2,05 são atribuíveis a 18th, 19th e 21st grupos metilo, respetivamente. A localização 2,06 devida aos grupos metílicos 26th e 27th ; o dupleto 3,16 devido ao carbono C22; o C11 como quarteto a δ 1,54; os carbonos c2 e c3 como tripletos a 5,78; o grupo OH no carbono C25 apareceu como singleto largo a 4,23, indicando que o composto é uma 20-hidroxiecdisona.

Nos insectos, o crescimento ocorre durante a vida ninfal ou larvar. O momento da muda e da metamorfose é coordenado por um aumento do título de ecdisteróides. Com a última muda, atinge-se o tamanho adulto. O tamanho do corpo das larvas está intimamente ligado a factores nutricionais, ambientais e genéticos (Klaus *et al.*, 2009). No presente estudo, foi efectuada uma análise comparativa do peso e do comprimento das larvas, da duração das larvas e da duração da muda, que é apresentada nos resultados. Observou-se que o tamanho das larvas (peso e comprimento) era maior nas condições de criação ao ar livre e que a duração das larvas e da muda também era maior nas criadas ao ar livre. Isto pode ser atribuído à ecdisona, que é a substância que inicia a muda e controla ou dirige o destino da metamorfose (Wigglesworth 1954).

No entanto, no terceiro ano, o padrão de duração das larvas foi o seguinte: foi maior nas condições de interior na primeira colheita, igual em ambas na segunda colheita e maior no exterior na terceira colheita, onde os níveis de ecdysone foram maiores na primeira e terceira colheitas no interior, enquanto maior na segunda colheita de condições de criação ao ar livre também se relaciona com o papel desempenhado pelos ecdysteroids, que são essenciais para conduzir os eventos moleculares e celulares que levam à muda e metamorfose (Sehnal, 1989; Gilbert *et al.*, 1996, 2002).

Como os dois factores, *ou seja,* a duração e o tamanho das larvas, podem afetar a produção de casulos, *ou seja,* se o período larvar for mais longo, a ingestão de alimentos e o desenvolvimento das larvas também serão maiores, o que, em última análise, ajuda a produzir casulos de boa qualidade; este aspeto tem de ser mais explorado, uma vez que pode haver a possibilidade de o stress envolvido na mudança do ambiente natural resultar na conclusão mais precoce dos processos morfogenéticos. O papel das neuro-hormonas e o envolvimento de ecdisteróides ou JH na resposta ao stress foi explicado por Vesna Peric (2006).

A aplicação de proporções crescentes da hormona 20-hidroxiecdisona para o tratamento de larvas em *Bombyx mori,* bicho-da-seda multivoltina, resultou no nível máximo de peso larvar e Prasad e Upadhyay (2012) observaram uma melhoria na sobrevivência das larvas. A carência nutricional induz o aumento dos níveis da hormona ecdysone que conduz à apoptose na oogénese e as baixas concentrações são essenciais para a oogénese normal em *Drosophila melanogaste* (Terashima *et al.,* 2005 e Pandeville et. *al.,* 2008). Nos presentes estudos, como a maioria das culturas nos três anos mostrou que as minhocas criadas ao ar livre têm melhor tamanho larvar e maior período larvar do que as criadas no interior, estas fases de controlo do peso e do tamanho foram elucidadas por experiências de alimentação e variação de factores ambientais (Mirth e Riddiford, 2007), que revelaram uma combinação de determinantes nutricionais e ambientais que orientam o desenvolvimento dos insectos. Isto explica que, embora a criação em recinto fechado possa ser efectuada com êxito até à fase de casulo, é possível definir um requisito claro em termos de proporções nutricionais e ambientais para uma regulação hormonal definitiva que influencie a muda e o crescimento.

A quantificação da hormona 20-Hydroxyecdysone foi efectuada a partir do bicho-da-seda tasar, *A. mylitta* D. Daba TV, criado no exterior e no interior, no 8th dia da hemolinfa da larva de quinto instar para as três colheitas de um ano, através do método HPLC. Verificou-se que a concentração de 20-hidroxiecdisona aumentou a partir da primeira colheita, tanto na criação ao ar livre como na criação em recinto fechado. Um estudo recente no bicho-da-seda tasar tropical *A. mylitta* (D), ecorace de Bhandara (Barsagade *et al.,* 2014) revelou que a concentração de proteínas e hidratos de carbono aumentou após o tratamento de JH-III devido aos seus efeitos estimulantes do crescimento, enquanto a redução das proteínas e dos hidratos de carbono após o tratamento com 20-HE indicou a sua utilização para a formação de casulos, devido à ocorrência de metamorfose precoce larva-pupa, o que corrobora os presentes estudos.

Certos estudos revelaram uma capacidade estimulante das hormonas análogas à JH em várias caraterísticas do bicho-da-seda, contribuindo para a produção de seda de qualidade (Naseema Begum *et. al.*, 2011). O presente estudo enfatiza o fornecimento de folhas selecionadas e condições óptimas de temperatura e HR, minimizando a ameaça de pragas e predadores, o que melhorou a produção agrícola e diminuiu a mortalidade.

Como a maioria das culturas nos três anos mostrou que as minhocas criadas no exterior têm um tamanho larvar melhor e um período larvar maior do que as criadas no interior, estas fases de controlo do peso e do tamanho foram elucidadas por experiências de alimentação e variação de factores ambientais (Mirth, 2007), que revelaram uma combinação de determinantes nutricionais e ambientais que orientam o desenvolvimento dos insectos.

Os presentes estudos incluem o fornecimento de folhas selecionadas e condições óptimas de temperatura e RH, minimizando a ameaça de pragas e predadores, melhorando a produção agrícola e diminuindo a mortalidade. No entanto, são necessários mais esforços para produzir bichos-da-seda robustos criados em interiores.

As hormonas juvenis são uma classe de sesquiterpenóides que regulam a embriogénese, o progresso do desenvolvimento larvar e adulto, a metamorfose e a reprodução nos insectos (Riddiford, 1994). Estão também envolvidas no controlo da diapausa, migração, polimorfismo, comportamento e metabolismo (Roe e Venkatesh, 1990, Kort e Granger 1996).

A quantificação da hormona 20-Hydroxyecdysone foi efectuada a partir de hemolinfa de larvas do bicho-da-seda tasar, *A. mylitta* Drury Daba TV 8th dia do i'ifth instar para as três colheitas do ano 2010 pelo método HPLC. Verificou-se que a concentração de 20-Hydroxyecdysone estava a aumentar a partir da primeira colheita em ambos os métodos de criação, exterior e interior.

A quantificação das hormonas juvenis revelou que, na primeira colheita, os bichos-da-seda de interior apresentaram uma quantidade superior à dos bichos-da-seda de exterior, enquanto que, na segunda e terceira colheitas, foi inferior à dos bichos-da-seda tasar de exterior. Isto é corroborado por estudos *in-vitro* sobre a síntese de proteínas e ARN (Anitha e Subramanyam 2000), que indicaram que a hormona juvenil III em doses mais baixas é fisiologicamente ativa, enquanto que em concentrações mais elevadas tem um efeito inibidor na síntese de proteínas ou ARN.

Verificou-se que o teor de proteínas na hemolinfa do quarto e quinto instares era mais elevado em todas as três culturas do bicho-da-seda tasar criado no interior. Pelo contrário, no corpo adiposo era mais elevado nos bichos-da-seda criados no exterior. As proteínas, que formam os principais constituintes da hemolinfa dos insectos, sofrem alterações qualitativas e quantitativas durante o desenvolvimento dos insectos e tais flutuações sugerem a sua regulação por hormonas morfogenéticas. O teor de trealose na hemolinfa do quarto e quinto instares foi mais elevado nos bichos-da-seda tasar criados no interior do que nos criados no exterior. Os hidratos de carbono presentes na hemolinfa são utilizados principalmente como fonte de energia para a síntese de gordura e glicogénio. Verificou-se que os níveis de proteínas e hidratos de carbono da hemolinfa são influenciados pelas hormonas juvenis durante a metamorfose larval-pupal dos lepidópteros (Webb e Riddiford 1988). O aumento dos níveis de proteínas e hidratos de carbono na hemolinfa das minhocas criadas em interior pode ser atribuído a níveis mais baixos de HJ. O aumento atribuído na concentração de proteínas deveu-se à prevenção do sequestro de proteínas de armazenamento pelo corpo adiposo (Kajiura e Yamashita, 1989). Por outro lado, o aumento do teor de hidratos de carbono pode ser devido à mobilização de trealose do corpo adiposo para a hemolinfa (Anne John e Muraleedharan, 1993), o que também é apoiado por outros relatórios de níveis aumentados de JH que interferem com o metabolismo dos hidratos de carbono (Chattoraj e Sharma,

1988 e Rajani kanth, 2005). Estes estudos indicam que os níveis de hidratos de carbono e de proteínas na hemolinfa diminuíram significativamente nas larvas de quinto instar de *Bombyx mori* tratadas com JH. O corpo adiposo do bicho-da-seda produz proteínas de armazenamento que serão libertadas na hemolinfa nos primeiros instares, mas a sua maior acumulação ocorre durante a última parte da fase de alimentação, para a qual é necessária uma diminuição da hormona juvenil (Tojo *et al.,* 1981).

Os caracteres do ***casulo*** da primeira, segunda e terceira colheitas pertencentes à criação no interior foram comparados com amostras criadas no exterior. A maior parte das caraterísticas, como o peso do casulo, o peso da casca, o comprimento da casca, a espessura da casca, a espessura do pedúnculo, o comprimento e o peso do pedúnculo, o denier e a proporção da casca, mostraram uma clara distinção e superioridade nos casulos criados no exterior. O peso da seda enrolada para os casulos criados no interior foi igual ao dos casulos criados no exterior. Por outro lado, a capacidade de enrolamento e a taxa efectiva de criação (em peso) foram significativamente mais elevadas nos casulos criados no interior do que nos casulos criados no exterior. A ERR (por número) mostrou um aumento ocasional em algumas das culturas nos três anos de criação em recinto fechado.

Embora relatórios anteriores (Choudhuri *et al.,* 1987) tenham concluído que a criação de minhocas tenras por um curto período de tempo em condições de interior resultou numa diminuição da taxa de mortalidade e na melhoria do casulo, a maioria dos estudos confirmou que a criação em interior até ao terceiro instar é viável para fins comerciais, mas os caracteres do casulo podem ser melhorados na presença de fagoestimulantes sacarose e glucon - C (Thangavelu, 1992 e Jayaprakash, 1993). Srivastava *et al.,* 2000, referiram que os casulos de Daba ecorace produzidos em condições idênticas em diferentes estações não são uniformes nos seus caracteres qualitativos e quantitativos. No presente estudo, foram observadas diferenças nestes caracteres na mesma estação, sob diferentes condições ambientais.

A qualidade dos casulos é avaliada pelos seus caracteres comerciais, como a espessura da casca, a dureza, a proporção da casca, o comprimento do filamento, a capacidade de enrolamento e o baixo denier. Estes caracteres foram considerados superiores nos casulos do tasar tropical indiano *A. mylitta* em relação a todos os outros insectos produtores de seda que não a amoreira (Thangavelu 1992 & Akai, 2000). A proteína da seda fibroína é de natureza fibrosa, formando o principal filamento da seda, enquanto a sericina é uma substância de revestimento pegajosa entre as camadas de fibroína. Assim, a qualidade dos casulos depende tanto da sericina como da fibrina, que são controladas pelas condições atmosféricas. A presença de mais substância cimentante (sericina) e menos filamentos (fibrina) nos casulos de interior sugere o papel dos factores ambientais na síntese destas duas proteínas pela glândula da seda (Shamitha e Rao, 2006). Singhvi e Bose (1991) referem que o teor de sericina é o fator decisivo na qualidade do casulo e da seda crua enrolada.

Estudos recentes sobre a criação total em interior do bicho-da-seda tasar *A. mylitta* D, no ecorace local de Andhra, utilizando folhas selecionadas e condições óptimas de temperatura e humidade relativa, revelaram que os teores de substratos como trealose, glucose, proteínas, aminoácidos e ácido úrico na hemolinfa e no corpo adiposo eram mais elevados em condições de criação em interior do que os dos criados ao ar livre, que enfrentam condições ambientais flutuantes, alterações de qualidade das folhas e fotoperiodismo. O aumento do teor de aminoácidos na hemolinfa das minhocas criadas em interior pode dever-se a uma atividade proteolítica elevada ou, possivelmente, a uma decomposição reduzida dos aminoácidos devido aos movimentos lentos e restritos das minhocas, o que leva a uma menor atividade e a um menor consumo de folhas, conduzindo a uma má qualidade dos casulos (Shamitha e Rao, 2007 & 2008).

Os casulos de interior eram delicados e, ocasionalmente, tinham pedúnculos duplos que podiam estar à procura de um local adequado para fiar, tinham menos peso de casulo e de seda, mas uma elevada capacidade de enrolamento sugere que, embora fossem mais pequenos em tamanho, eram compactos (massa de casca de seda por unidade de casulo), o que desempenha um papel importante na fixação do preço de um lote de casulos pelos licitadores no mercado de casulos ou na avaliação da qualidade dos casulos de sementes pelos criadores (Shamachary, 1992).

Com base no recente relatório que refere que o papel da seleção e combinação parental ao longo de sucessivas épocas de criação pode ser utilizado para melhorar os traços comerciais da ecorace Daba e desenvolver raças de valor comercial com maior fecundidade e peso da casca (Manohar Reddy, 2011), pode concluir-se que a criação em recinto fechado pode ser melhorada através da seleção de variedades de elevado rendimento para complementar o rendimento comercial da seda. Está também estabelecido que o conhecimento dos caracteres do casulo em várias estações e ecopontos é uma ferramenta importante no trabalho de criação (Mahobia *et al.,* 2010).

Tendo em conta as frequentes perdas de colheitas em áreas tropicais devido ao agravamento de doenças do bicho-da-seda, associadas a condições climáticas desfavoráveis, apesar das medidas de desinfeção adoptadas, o presente estudo oferece um futuro promissor para a criação em recinto fechado do bicho-da-seda selvagem, agora semi-domesticado, para a realização de muitos sericologistas, que ainda estão a fazer esforços concertados para a domesticação completa deste bicho-da-seda selvagem. Uma observação importante deste estudo é a diminuição da incidência de doenças bacterianas e virais e a ausência de perda de bichos devido à chuva e a pragas no método de criação em recinto fechado. Isto também é corroborado pela opinião de que um genótipo com resistência a doenças tem sempre muito mais hipóteses de sobreviver (Sudhaker Rao *et al.,* 2006).

O estudo infere que a criação em recinto fechado pode ser sustentável do ponto de vista comercial i) se a metodologia puder ser aplicada em grande escala para chegar ao agricultor ii) se os próprios casulos criados em recinto fechado forem utilizados como semente para os anos sucessivos iii) se os parâmetros do casulo forem significativamente melhorados nas condições de criação em recinto fechado iv) se o rendimento da seda for melhorado.

Um trabalho recente realizado em bichos-da-seda tasar para minimizar a sua mortalidade devido a pragas, predadores e caprichos da natureza revelou que a sobrevivência em idade jovem e a Taxa Efectiva de Criação eram mais elevadas quando as larvas eram escovadas com uma dieta semi-sintética em contraste com bichos-da-seda criados no interior e no exterior alimentados com folhas frescas (Kumar, et al., 2013).

Em alternativa, a criação total em recinto fechado pode ser efectuada mudando a planta alimentar, tal como demonstrado num estudo recente sobre o estudo de correlação entre o desempenho da criação do bicho-da-seda e os constituintes da planta alimentar, entre diferentes espécies de plantas alimentares, nomeadamente *Terminalia tomentosa*, *Terminalia arjuna*, *Terminalia belerica*, *Terminalia chebula* da família Combretaceae e *Lagerstroemia speciosa*, *Lagerstroemia parviflora* da família Lythraceae, estudadas, *L. speciosa* foi indicada como uma planta alimentar alternativa para a criação do bicho-da-seda tasar numa perspetiva comercial (Manabendra *et al.*, 2015).

Um relatório sobre o âmbito da hibridação em duas ecoraces do bicho-da-seda Tasar (Jata x Daba) revelou caraterísticas comerciais positivas do casulo (R.M. Reddy *et al.*, 2014). Além disso, o presente estudo também enfatiza a necessidade de desenvolver novas raças, investigando a diversidade populacional, o polimorfismo inter-ecoracial e também para explorar a análise das propriedades estáveis ao calor nos bichos-da-seda. Recentemente, observou-se que a esterase pode ser utilizada como moléculas marcadoras na evolução de novas raças termo tolerantes de *Antheraea mylitta* com melhor sustentabilidade (Lokesh *et al.*, 2015).

O presente estudo, baseado em caraterísticas quantitativas, necessita de ser aprofundado para compreender a base genética do fenótipo. O estudo deve ser aprofundado para desenvolver uma estratégia mais adequada para a sua conservação, melhorando a atual tecnologia de criação em recintos fechados.

CAPÍTULO 5

RESUMO

A presente investigação, que se baseia neste conceito, vai mais longe com equipamento de criação melhorado, criação sistemática e contínua de três culturas e do bicho-da-seda Tasar, *A. mylitta* (Daba TV) durante três anos sucessivos (2008-2011).

A utilização de vasos de barro é considerada uma melhoria para a criação em interior, uma vez que é ecológica e não só assegura o fornecimento contínuo de água aos ramos, como também evita a secagem precoce das folhas.

No presente estudo, a criação em recinto fechado foi efectuada a uma temperatura mais baixa e a uma humidade relativa mais elevada do que as condições de criação no exterior.

A incidência de doenças no presente inquérito durante três anos consecutivos indica que as perdas devidas a doenças bacterianas e virais são muito mais elevadas em condições exteriores.

Devido à perda de minhocas em condições exteriores devido à chuva e às pragas (o que não se verificou em condições interiores), houve uma diminuição da percentagem total de perda em condições exteriores. No entanto, a Taxa Efectiva de Criação (por número) mostrou um aumento ocasional em algumas das culturas nos três anos de criação em recinto fechado.

A percentagem *de perda de minhocas devido à deslocação* no campo de criação ao ar livre é inferior à das condições de criação em recinto fechado, uma vez que este último método de criação é um processo algo laborioso, o que abre caminho para um maior aperfeiçoamento da técnica.

A conclusão mais significativa dos presentes estudos é que as perdas devidas a pragas são mínimas ou nulas e as perdas devidas à precipitação são nulas na criação em recinto fechado.

Os comprimentos médios das minhocas em diferentes instares não mostraram qualquer padrão regular em ambas as condições de criação, no entanto, notou-se um ligeiro aumento no comprimento das minhocas criadas em recinto fechado na maioria dos instares no período de estudo em causa.

Os pesos larvares médios das minhocas em diferentes instares indicaram que, nos primeiros instares, são ligeiramente superiores nas minhocas criadas ao ar livre, aumentando gradualmente no quarto instar e observando-se pesos consideravelmente mais elevados nas minhocas criadas ao ar livre, de modo uniforme nas três culturas, durante anos consecutivos.

O teor de trealose na hemolinfa e no corpo adiposo do quarto e quinto instares foi mais elevado nos bichos-da-seda tasar criados em recintos fechados do que nos criados ao ar livre, nas três culturas, enquanto que no quinto instar foi mais ou menos igual na glândula da seda de ambas as condições de criação.

Verificou-se que o *teor de proteínas* na hemolinfa do quarto e quinto instares era mais elevado em todas as três culturas do bicho-da-seda tasar criado no interior. Pelo contrário, no corpo adiposo foi mais elevado nos bichos-da-seda criados no exterior. O teor de proteínas na glândula da seda das larvas de quinto instar dos bichos-da-seda criados no exterior também foi mais elevado.

O teor de lípidos na hemolinfa e no corpo adiposo do quarto e quinto instares das três culturas foi mais elevado nos bichos-da-seda tasar criados no exterior do que nos criados no interior.

A *atividade proteolítica* no quarto e quinto instares dos bichos-da-seda tasar criados no interior foi significativamente mais elevada do que a dos criados no exterior nas três culturas.

A *atividade da amilase* no quarto e no ii'ith instares dos bichos-da-seda tasar criados no interior foi significativamente mais elevada do que a dos criados no exterior nas três culturas.

Verificou-se que *a atividade da lipase* no quarto e quinto instares da primeira e terceira culturas era mais elevada nas minhocas criadas no interior, enquanto que era ligeiramente mais elevada nas minhocas criadas no exterior da segunda cultura.

A duração do período larvar varia entre a criação no exterior e a criação no interior. O período larvar da criação em recinto fechado foi menor quando comparado com o da criação ao ar livre. Isto pode dever-se ao facto de ter sido fornecida uma quantidade suficiente de alimentos de boa qualidade duas vezes por dia às minhocas criadas no interior, o que levou à sua fiação precoce.

O *período de muda* do bicho-da-seda tasar, *A. mylitta* Drury Daba TV, criado ao ar livre, mostrou uma longa duração quando comparado com o da criação em recinto fechado.

A *quantificação da ecdysone* em bichos-da-seda tasar criados no exterior e no interior revelou que, na primeira e na terceira colheitas, era mais elevada nos bichos-da-seda criados no interior; por outro lado, verificou-se que era mais elevada nos bichos-da-seda criados no exterior na segunda colheita.

A *quantificação da hormona juvenil* revelou que, na primeira colheita, os bichos-da-seda de interior apresentaram uma quantidade superior à dos bichos-da-seda criados no exterior, enquanto que na segunda e terceira colheitas foi inferior à dos bichos-da-seda tasar criados no exterior.

Os caracteres do *casulo* da primeira, segunda e terceira colheitas pertencentes à criação em interior foram comparados com amostras criadas ao ar livre. A maioria das caraterísticas, tais como o peso do casulo, o peso da casca, o comprimento da casca, a espessura da casca, a espessura do pedúnculo, o comprimento e o peso do pedúnculo, o denier e a relação da casca mostraram uma clara distinção e superioridade nos casulos criados ao ar livre. *A produção de casulos na criação em interior é superior à da criação em exterior, enquanto a perda de casulos é superior na criação em exterior, o que é uma observação significativa e comercialmente importante.*

A *capacidade de enrolamento e a taxa efectiva de criação* (em número) foram significativamente mais elevadas nos casulos criados no interior do que nos criados no exterior. A ERR (por peso) mostrou um aumento ocasional em algumas das culturas nos três anos de criação em recinto fechado.

Pode concluir-se que o presente trabalho, orientado para a melhoria das práticas totais de criação em recinto fechado do bicho-da-seda *A. mylitta* D. (Daba TV), revela uma melhoria considerável nos aspectos comerciais da criação em recinto fechado.

O estudo conclui que a criação em recinto fechado pode ser sustentável do ponto de vista comercial, com as seguintes sugestões: i) A metodologia tem de ser testada em grande escala para chegar ao agricultor; ii) Os próprios casulos criados em recinto fechado têm de ser utilizados como semente para os anos sucessivos; iii) Os parâmetros do casulo têm de ser significativamente melhorados nas condições de criação em recinto fechado; iv) O rendimento da seda é significativamente melhorado.

O presente estudo, baseado em caraterísticas quantitativas, necessita de uma análise mais aprofundada para compreender a base genética do fenótipo. São necessários mais estudos para desenvolver uma técnica melhorada para a sua conservação.

CAPÍTULO 6

BIBLIOGRAFIA

Abraham E. G., Nagaraju J. e Datta R. K. (1992) Biochemical studies of amylases in the silkworm, *Bombyx mori* L.: Comparative analysis in diapausing and non-diapausing strains. *Insect Biochem.molec. Biol.* **22**, 867-873.

Agarwal, S. C., Jolly, M. S. e Banerjee, N. D. (1981) Lipid content in silkworm, *A.mylitta, Indian J. Ent.***-43**, 294-296.

Agrawal Hari Om e Seth M. K. (1999) Food plants of the Tasar silkworms, *Sericulture in India,* Eds. 761-777.

Akai Hiromu, (1992) Recent facts of the Japanese oak silkworm *Antheraea yamamai, Wild silkmoths.* 7-11.

Akai, H. (2000) Cocoon filament characters and post-cocoon *technology.International Journal of Wild Silkmoths and Silk.5,* 255-259.

Akai, H. Suto. M., Ashok, K. Nayak, B. K e Jaganath Rao, B. (1991) Rearing of A. *mylitta* with newly developed artificial diet. *Wild Silk moths* .121-127.

Alok Sahay e Kapila, M. L. (1991) Deforestation - A threat to tasar culture, *Indian silk.* **3**(7): 48-50.

Alok Sahay, Singh, G. P., Roy, D. K. e Sinha, B. R. R. P. (2005) Eficácia de certos desinfectantes para o controlo de doenças no bicho-da-seda tasar, *Antheraea mylitta* D., *Uttar Pradesh J. Zool.* **25**(2): 209-212.

Ananth Bandhu Chaudhuri e Ashok Kumar Sinha (1994) Moulting behavior of tropical tasar silk worm, *Antheraea mylitta, Indian silk* **33**(2): p 39-43.

Anita Singh, Ratnesh Kr Sharma, Bechan Sharma (2010). Alterações induzidas por baixas temperaturas em certos constituintes bioquímicos de larvas de 5° instar de *Philosamia ricini* (Lepidoptera: Satunidae). Acesso livre à Fisiologia de Insectos 2:11-16.

Anitha Mane e Subrahmanyam, B. (2000) Regulation of protein and RNA synthesis in male accessory glands of *Sepodoptera litura* (Fab.) by juvenile hormone and juvenoids. *Entomon* **25**: 1-13.

Annie John e Muraleedharan, D. (1993) Effect of methoprone ZR 515 (JHa) on castorsemilooper larvae of *Achaea janata* (Linn). *Indian Journal of Experimental Biology* **31**: 971-976.

Anson, M. L. (1938) Estimation of pepsin, trypsin, papain and cathepsin with haemoglobin, *J.Gen. Physiol,.***22**, 79-89.

Arreguin, E. R., Arreguin, B. e Gonzalez, C. (2000) Purificação e propriedades de uma lipase de cephaloleia presignis (Coleopera: Chrysomelidae). *Biotech. Appl. Biochem.31:* 239-244.

Ashwath, S. K., Sreekumar, S., Toms, J.T., Dandin, S.B. e Kamble, C.K. (2010). Identificação de marcadores RAPD ligados aos genes da amilase digestiva

B. S. Rahile, M. K. Bangadkar, S. B. Zade e R. S. Saha (2015) Estudos sobre os aspectos bioquímicos da preparação da diapausa no bicho-da-seda Tasar, Antheraea mylitta D. sob o clima tropical da região de Vidarbha de Maharashtra, Índia, Int.J.Curr.Microbiol.App.Sci 4(5): 318-326

Babu. C. S. & Purshotham Rao. A (1998) Indoor Chawki rearing tray - a new device for tasar silkworm, *Antheraea mylitta* Drury *Proceedings of third Intarnational Conference onWild Silkmoth.87-91.*

Baker J.E. (1991) Purification and partial characterisation of amylase allozymes from the lesser grain borer, *Rhyzopertha dominica. Insect Biochem.* 21, 303-311.

Baker, J.E. (1983) Properties of amylases from midguts of larvae of *Sitophilus zeamais* and *Sitophilus granarius.Insect* ***Biochemistry13(4),***

421428.

Baker, J.E. (1987) Purificação de isoamilases do gorgulho do arroz, *Sitophilus orizae* (Coleoptera: Curculionidae), por cromatografia líquida de alta eficiência e sua interação com inibidores de amilase parcialmente purificados do trigo. *InsectBiochemistry17*, 37-44.

Balaji, S. (2001) Joint Forest Management in Tamilnadu problems and prospects, *Indian Forester.* **127**: 1201-1206.

Banerjee, T. C. e Haque, N. (1984) Dry-matter budgets *for Diacrisia casignetum* larvae fed on sunflower leaves, *Insect Physiol.* **30**(11):861-866.

Barsagade D. D. e Tembhare, B. (2004) Haemolymph amino acids and protein profile in the tropical Tasar silkworm, *Antheraea mylitta* (Drury) (Lepidoptera: Saturniidae) *Entomon* **29**(3): 261-266.

Barsagade DD. (2014) Gharade SA, Hormonal Regulation of Metamorphosis (Larva to Pupa) in the Tropical Tasar Silkworm *Antheraea mylitta* (D.) Eco-race Bhandara, *Int. J. Res. Chem. Environ.* 4(3): 1-9.

Barsagade, D. D. (1998) Studies on the silk gland development and silk protein synthesis in the tasar silkworm, *Antheraea mylitta* (D.) (Lepidoptera: Saturnidae) Ph. D *Thesis,* Nagpur University, Nagpur (India).

Basavaraju, C. D., Laxmi kumara, B. e Ananthanarayana, S. R. (1999) Effect of temperature on the activity of alkaline proteases in the midgut tissue and haemolymph of the silkworm, *Bombyx mori* L., *Entomon* **24** (3): 289-292.

Basker, H. (2006) Vanya, wild silks of India - an users compendium: *An introduction to vanya silks,* publicado por Central Silk Board-. **1**.

Beatrice Lanzrein, Masashi Hashimoto, Vinka Parmakovich, Koji Nakanishi Rita Wilhelm e Martin, Luscher (1975) Identificação e quantificação de hormonas juvenis de diferentes fases de desenvolvimento da barata, *Life science...* **16**(8), 1271-1284.

Benchamin, K. Y. e M. S., Jolly (1986) Principles of Silkworm Rearing. *Proc. Sem. on Problems and Prospects of Sericulture,* Vellore, India: 63-108.

Berkes, F. (2004) Rethinking on community based conservation. *Consev. Biol.,* **18**: 621-630.

Bernfeld P. (1955) Amylases, a and ß In Methods in Enzymology (Edited by Colowick S. P. and Kaplan N. O.), *Academic Press,* New York. **1**, 149-158.

Beydon, P.(1985) Biosynthese Et Inactivation De L'Hormone De mue Au Courrs Du Devlopment postembryonnaire Chez Pieris brassicae (Insecte Lepidoptere). Estes De Doctorat D'etat.

Bhatia, N. K., Bhat, M. M. e Khan, M. A. (2010) Tropical tasar - utilização e conservação de recursos naturais para o desenvolvimento tribal, *The Bioscan:* Edição especial. **1**, 187-198.

Bhattacharya Arundhuti e Kaliwal Bassappa B. (2005) The biochemical effects of potassium chloride on the silkworm, *(Bombyx mori* L.), *Insect Science* (2005) **12**, 95-100.

Boyd, D.W., Jr. (2003) As enzimas digestivas e a morfologia dos estiletes de Deraeocoris nigritulus (Uhler) (Hemiptera: Miridae) reflectem adaptações para hábitos predatórios. *Annals of the Entomological Society of America* **96**, 667671.

Butenandt, A. e Karlson, P. (1954).Ober die Isolierung eines Metamorphosehormons der Insekten in kristalliner Form Z. *Naturlorsch.* **9b** :389-391.

C.A.D. de Kort e N.A. Grange (1996) Regulation of JH Titers: The relevance of degradative enzymes and binding proteins, *Archives of Insect Biochemistry andPhysiology33:1-26.*

Candy, D. J. e Kilby B. A. (1959) Site and mode of trehalose biosynthesis in locust, *Nature,* London. **183**, 1594-1595.

Chatterjee, S. N., Rao, C. G. P., Chatterjee, G. K., Ashwath, S. K., e Patnaik, A. K. (1993) Correlação entre rendimento e parâmetros bioquímicos no bicho-da-seda da amoreira, L., *The Appl Genet,* **87**:385-391.

Chattoraj, A. N. e Sharma, R. (1988) Effect of JHa, R-20458 on carbohydrate content of *Spodoptera litura.Indian Journal of Experimental Biology* **26**: 649-650.

Chaudhuri, M., Singh, S. S., Das, B., Dhar, N. J., Basumatary, B., Goswamy, D., Das, K. Barah, A., Sahu, M., Kakoty, L. N., Mandal T. e Chatterjee S. N. (1999) Variabilidade climática em nove locais do nordeste da Índia e seu efeito na produtividade do casulo do bicho-da-seda muga *(Antheraea assama* Westwood*) Sericologia* **39** (IV): 577-591.

Chinya, P. K. e Ray, D. (1976) Lipid and water contents during metamorphodis in silkworm, *Bombyx mori* L. Nistari. *Indian J. Seric* **25 (1)**, 31.

Chitra, S. Sreekumar, S. Suresh Kmar, N. Ashwath, S. K. Dandin S. B. e Kamble C. K. (2009) Estudos sobre os perfis proteicos da hemolinfa do bicho-da-seda *Bombyx mori* sob stress térmico induzido, *Uttar Pradesh J. Zool.* **29(1)**, 97 - 103.

Choudhari, C.C., Dubey, O. P., Sinha, S.S. e Sen Gupta, K. (1987) Studies on the different techniques of young stage silkworm rearing, *Annual reports,* CTR&TI, Ranchi.

Couble, P., Moine, A., Garel, A. e Prudhomme, J. C. (1983) Variações de desenvolvimento de um mRNA não-fibroína de Bombyx mori silkgland, codificando para uma proteína de seda de baixo peso molecular, Dev. *Biol.,* **97**(2), 398 - 407.

D. Kumar, J. P. Panday, A. K. Sinha, S. Salaj, P. K. Mishra e B. C. Prasad (2013) Avaliação da nova alimentação do bicho-da-seda Tasar para

Antheraea mylitta: Seu impacto na criação, caraterística do casulo e perfil biomolecular, revista americana de bioquímica e biologia molecular 3 (1): 167-174.

D. Kumar, J.P. Panday, J. Jain, P.k. Mishra e B.c. Prasad (2011) Alterações quantitativas e qualitativas no perfil proteico de vários tecidos do bicho-da-seda tropical tasar, *Antheraea mylitta* Drury, *International journal of Zoological research* 7'(2): 147-155.

Danielevslii, A. S. (1965) Photoperiodism and seasonal development of insects (Oliver & Boyd, Edinburgh).

Daone W. W., Abraham I, Kolar M. M., Martenson R. E. e Deibler

G. E. (1975) Purified *Drosophila* a-amylase isozyme. In *Isozyme IV* (Editado por Martet C. L.), *Academic Press, New York.585-607.*

Desh Raj (2000) Tasar culture in India: Diseases, pests and their management, *Sericulture in India,* Bishen Singh e Mahendhra Pal Singh, Dehradum . 789-792.

Doane,W.W. (1969) Amylase variants in Drosophila melanogaster: linkage studies and characterization of enzyme extracts. *Journal of ExperimentalZoology,* **171**, 321-342.

Downer, R.G. (1979) Trehalose production is isolated fat body of the American cockroach, Periplaneta americana. *Comp. Biochem. Physiol.* **62C**, 31-34.

Duman, J. G., Xu, L., Neven, L. G., Tursman, D. e Wu, D. W. (1991). Proteínas da hemolinfa envolvidas na tolerância a temperaturas abaixo de zero dos insectos: nucleadores de gelo e proteínas anticongelantes. In: Insectos a baixa temperatura (eds. Lee, R. E., e Denlinger, D. L.). New York: Chapman and Hall. 94-127.

Folch, J. M., Lees, P e stane-Stanley. (1957) Um método simples para o isolamento e purificação de lípidos totais de tecidos animais. *J. Biol Chem,*

226, 497-509.

Fukuda S (1951) A produção de ovos em diapausa através do transplante do gânglio subesofágico no bicho-da-seda. *Proc Japan* **Acad27**: 672-677.

Fukuda, T. (1960) Criação do bicho-da-seda com dieta artificial. *Seric.Sci Japan*, **29**(1).

Fukuda, T. (1987) Artificial diets for *Bombyx mori* and *Antheraea yamamai, Japan Sericulture News Press.*

G Lokesh, AK Srivastava, PP Srivastava, Bishnu Prasad, PK Kar, MK Sinha, AK Sinha, Alok Sahay(2015), Estudos sobre a-esterases não específicas em dois grandes ecoraces do bicho-da-seda tropical tasar Antheraea mylitta Drury, Journal of Entomology and Zoology Studies; 3(5): 325-328

Gade, G., Hoffmann, K.H. e Spring, J.H. (1997). Hormonal regulation in insects: facts, gaps and future diretions. *Physiol. Rev.,* **77**, 963-1032.

Gamo T. (1983) Biochemical genetics and its applications to the breeding of the silkworm ,16.

Gilbert, L. I., Granger, N. A. e Roe, R. M. (2000) The juvenile Hormones: historical facts and speculation on future research diretions. *Insect biochem and mol. Biol.*30(8-9):617-644.

Gilbert, L. I., Rybczynski, R. e Tobe, S. (1996) Endocrine cascade in insect metamorphosis. In: Metamorphosis: Postembryonic reprogramming of gene expression in Amphibian and Insect Cells. (Gilbert, L. I., Tata, J. e Atkison, P. ed.), Academic Press, San Diego, 59-110.

Gilbert, L. I., Rybczynski, R., Warren, J. T. (2002) Control and biochemical nature of the ecdysteroidogenic pathway.*Ann Rev Entomol* **47**:883-916.

Gill, A. S. e Lal B. (2002) Agroforestry inreference to disaster environment and development, *Indian Forester,* 128: 27-34.

Goel, R. K. (2000) Diseases, pests and predators of Oak Tasar silk worm *Antheraea proylei*. J. Sericulture in India Eds H. Om Agarwal e M. K. Seth. 842-852.

Gonyin, Y. e Cul, H. (1994) Estudo sobre a dieta artificial de *Antheraea yamamai* com Quercus fabricious como fator foliar. *Int. J. Wild silk moth &silk1* : 80-83.

Harper, H.A., Rodwell, V.W. e Mayes, P.A. (1993) Review of physiological chemistry.*Lange Medical Publication*. Los Altos, Califórnia, pp. 131-182.

Hasegawa K (1951) Estudos sobre o voltinismo no bicho-da-seda, *Bombyx mori L.,* com especial referência aos órgãos relativos à determinação do voltinismo. Proc Japan Acad **27**: 667-671.

Higuchi, Y. (1990) Rearing with artificial diet, Ten San Science & Technology (Eds. H. Akai e S. Kuribayashi) Science House, Tokyo 124135.

Hirata e Yosuo (1974) Relação entre a atividade da amilase do suco digestivo larvar e vários caracteres quantitativos num bicho-da-seda de *Bombyx mori* Japanese)./. *Seric, Sci,* Japan, **43**, (5): 384-390.

Hiroshi Ishimoto, Takaomi Sakai e Toshihiro Kitamoto (2009) Ecdysone signaling regulates the formation of long-term courtship memory in adult Drosophila melanogaster, PNAS, **106**(15): 6381-6386.

Hori, K. (1969) Effect of various activators on the salivary amylase of the bug *Lygus disponsi. J. Insect Physiol,* **15**: 2305-2313.

Horie Y. e Watanabe H. (1980) Recent advances in Sericulture. *Ann. rev. Ent.* 25, 49-71. Corno. *Comparative Biochemistry and Physiology* Part B 126, 425-433.

Horie, Y. (1961) Estudos fisiológicos sobre o canal alimentar do bicho-da-seda, Bombyx mori III.Absorção e utilização de hidratos de carbono.*Bull. Seri. Exp. Jpn.* **16,** 287-309.

Horne, I., Haritos, V. S. & Oakeshott, J. G. (2009) Comparative and functional genomics of lipases in holometabolus *insects.Insect Biochem Mol. Biol.***39**(8): 547-567.

Horne, I., Haritos, V. S. e Oakeshott, J. G. (2009) Comparative and functional genomics of lipases in holometabolous insects, *Insect biochemMol Biol.* **39**(8): 547-567.

Hugar, I.I. and Kaliwal, B.B. (1998) Effect of Benzyl-6-aminopurine and indole 3-acetic acid on the biochemical changes in the fat body and haemolymph of the bivoltine silkworm, *Bombyx mori* L. *Bull. Sericult. Res.* **9**, 63-67.

Ishikawa, E. e Suzuki, Y. (1985) Expressão específica de genes de sericina em tecidos e fases da glândula média da seda de Bombyx mori. Dev. Growth Differ.,**27**, 73-82.

Isong, E. U.(1987) Biochemistry and nutritional studies on Rat fed Thermally oxidized palm oil (Elaeis guineenssis) *Ph.DThesis,* University of calbar, Nigeria p: 198.

Ito, T. (1961) Nutrition study of silkworm, *Report of Japanese Sericulture Research Station,* **17** (1): 91-136.

Ito, T. (1974) Artificial diet rearing of silkworm, *Sericultural Sci. and Technology* No. 12-13.

Jayaprakash P., Naidu W. D e Vijay Kumar (1993) Indoor rearing of tasar silkworm *Antheraea mylitta* a new technology. *Workshop sobre a cultura do tasar,* 29-30 de agosto, *Actas,* 19-24 de março.

Jolly, M. S. (1971) A new technique of rearing tasar silkworm, *Indian* **silk9**: 17-18.

Jolly, M. S. (1972) Uma técnica de criação do bicho-da-seda tasar. *Indian Silk.11*. 5-8.

Jolly, M. S., Ashan, M. M. e Khanna, R. P. (1973) A new technique of rearing tasar silkworm *Antheraea mylitta*. D, *Proc. do primeiro seminário internacional sobre sedas não-mulberry,* 3-4 de outubro de 1974.

Jolly, M. S., Chaturvedi, S.N. e Prasad, S. A. (1968) Survey of Tasar crops in India, *Indian.J.Seric,* **1**, 50-58.

Jolly, M. S., Sen, S. K. e Ashan, M. M. (1974) Tasar culture, *Ambika publishers,* Bombay, 1992-1993: 134-147.

Jolly, M. S., Sen, S. K. e Das, M. G. (1975) Tasar Culture, *Ambika Publishers,* Bombaim, 1992-93: 134-147.

Jolly, M. S., Sen, S. K. e Das, M. G. (1975) Tasar culture: a potential forest based industry. Documento 2nd Consulta técnica mundial da FAO/IUFRO sobre doenças e pragas florestais. 14.

Jolly, M. S., Sen, S. K. Sonwalkeer, T.N. e Prasad, G.S. (1979) Nonmulberry silks. Food and Agric-Org. United Nations Serv. *Bull.* **29**. Roma, XVII: 178.

Kajiura, Z. e Yamashita, O. (1989) Síntese estimulada de proteínas de armazenamento específicas da fêmea em larvas masculinas do bicho-da-seda, *Bombyx mori*, tratadas com análogo da hormona juvenil, *Archives of insect biochemistry **andphysiology12**:* 99-109.

Kanakatsu R. (1978) Estudos sobre outras propriedades de uma amilase alcalina no suco digestivo do bicho-da-seda, *Bombyx mori.J.fac. text. sci. Technol.***76**, 1-21.

Kapila, M. L. (1989) A criação do bicho-da-seda Tasar pode contribuir para a melhoria do ambiente e para a silvicultura social em zonas desfavorecidas. *Indian Silk.***28** (12): 69.

Karlson, P., Hoffmeister, H., Hoppe, W. e Huber, R. (1963). Liebigs *Ann. Chern.* **662**: 1-20.

Kimura K., Oyama F., Ueda H., Mizuno S. & Shimura K. 1985: Clonagem molecular do DNA complementar da cadeia leve da fibroína e seu uso no estudo da expressão do gene da cadeia leve na glândula posterior da seda de Bombyx mori. Experientia 41: 1167-1171.

Klaus-Dieter Spindler , C. Honl, Ch. Tremmel, S. Braun, H., Ruff, M. Spindler-Barth (2009) Ecdysteroid hormone action, *Cell. Mol. Life Sci.***66**:3837-3850.

Kltay, B. A. (1963) The biochemistry of the insect fat body. *Adv.Insect Physiol.* **1**:111-174.

Kobayashi Masatoshi e Kimura Shigeru (1967) Action of ecdysone on the conversion of^{14} C-glucose in dauer pupa of the silkworm, *Bombyx mori.Journal of Insect Physiology,* **13**(4) Pp 545-552.

Kopec, S. (1922) Estudos sobre a necessidade do cérebro para o início da metamorfose dos insectos. *Bioi. Bull.* Woods Hole **42**:323-42.

Krishnaswamy, S., Rao, N. N., Suryanarayana, S. K. e sundharamurthy T. S. (1972) characteristics aspects of wild silk *cocoons - Manual on silk reeling,* FAO, Roma.

Kumbhar, V. J. Gaikwad, S. M. Gaikwad Y. B e Bhawane G. P. (2009) Midgut trehalase in fifth instar larva of *Antheraea proylei* J. (Lepidoptera: Saterniidae), *Uttar Pradesh J. Zool.* **29**(3): 343-348.

Kunitz, M. (1947) <u>Inibidor de tripsina de soja cristalino: II. Propriedades gerais,</u> *j. Gen Physiol,* **30**, 291-310.

Laemmli, U. K. (1970) Cleavage of structural protein during the assembly of the head of bacteriophage T$_4$. *Nature,* London **227**: 680-685.

Lavine MD, Strand MR (2002). Insect haemocytes and their role in immunity. *Insec.Biochem. Mol. Bol.,* **32**(10): 1295-1309.

Lee RE, Strong-gunderson JM, Lee MR, Davidson EC. (1992) Bactérias activas icenucleantes diminuem a resistência ao frio de insectos de grãos armazenados. *Entomol Soc Am.* **85**:371-374.

Lehane MJ (1997). Estrutura e função da matriz peritrófica. *Annu.rev Entomol.* **42**(1): 525-550.

Lehane MJ, Aksoy S, Levashina (2004). Respostas imunitárias no sangue e transmissão de parasitas em insectos. *Tendências em Parasitol..***29**(9): 433-439.

Lemos, F.J.A., Campos, F.A.P., Silva, C.P. & Xavier-Filho, I. (1990) Proteinases e amilases do intestino médio larvar de Zabrotes subfasciatus (Boh) (Coleoptera:Bruchiidae) criado em *sementes* de feijão-caupi (Vigna ungiculataL.).*EntomologiaExperimentalis etApplicata* 56, 219-227.

Levenbook, L. (1985) Insect storage proteins; in Comprehensive insect physiology, biochemistry and pharmacology (eds) G A Kerkut and L I Gilbert (Oxford: Pergamon Press), 307-346.

Ligoxygakis P, Pelte N, Ji C, Leclerc V, Duvic B, Belcin M, Jiang H, Hoffmann JA, Reichhart JM (2002). O mutante Aserpin liga a ativação à melanização na defesa do hospedeiro de Drosophila. *Embo.J.21(23)* 6330-6337.

Lowry, O. H., Rosebrough, N. J., Farr, A. L. e Randall, R. J. (1951) **Protein Measurement with the Folin Phenol** ReagentJ. *Biol. Chem,* , **193**, 265 - 275.

Mahadev Kumar Sowri and Sarangi, S. K. (2000) A comparative study on the trehalose level in different varieties of the silkworm, *Bombyx mori*, during fifth instar larval development, **Entomon25**(4): 255-259.

Mahobia, G. P. e Yadav, G. S. (2010) Variação sazonal da doença do bicho-da-seda tropical tasar *(Antheraea mylitta* D.) em Bastar plateav de chattisgarh e respectivas medidas de controlo, *Uttar Pradesh J. Zool.* **30**(1): 07-10.

Mahobia, G. P., Yadav, G. S., Singh, B. M. K., Sinhadeo, S. N. e Vijayprakash N. B. (2010) Association between different quantitative characters on population of Raily ecorace, a wild tasar silkworm, *Indian J. Seric.*, **49**(2), 115-124.

Mahur, S. K., Bajpeyi, C. M. Sinha. B. R. R. P. & Sinha S. S. (1996a) Criação de Tasar Chawki sob *rede de* nylon.*Indian Silk34(9):42.*

Man Singh, A. e Baquaya, V. (1971) Amino acids in insects, changing during ontogeny and various physiological and pathological conditions. Lab. *Dev. J. Sci. Tech.* **9,** 158-182.

Manabendra Deka, Gargi, Rajendra Kumar, Harendra Yadav e Alok Sahay (2015) Silkworm-food plant-interaction: search for an alternate food plant for tasar silkworm (Antheraea mylitta Drury) rearing, Int. J. Indust. Entomol. 30(2) 58-63.

Manohar Reddy, B. (2006). Modulações metabólicas em vários tecidos de larvas do bicho-da-seda, Bombyx Mori (L), durante a doença da herbivoria. Larvas do bicho-da-seda, *Bombyx Mori* (L), durante a doença da hera. Tese de doutoramento apresentada à Universidade SV de Tirupati, AP. Índia.

Manohar Reddy, R. (2010) Necessidade de conservação do inseto da seda do tasar *Antheraea mylitta* Drury (Lepidoptera: Saturniidae) - Estratégias e impacto, *Journal of Entomology!*'(3): 152-159.

Manohar Reddy, R. (2011) Impacto da seleção de caraterísticas na otimização dos rendimentos de ovos e seda de Daba Ecorace do bicho-da-seda tasar tropical, *Antheraea mylitta* Drury para sementes e estações de colheita comercial, *Tendências em Pesquisa em Ciências Aplicadas* **6** (1): 81-88.

Mansingh, A. and Smallman B. N. (1972) Variation in polyhydric alcohol in relation to diapauses and cold-hardiness of the larvae of Isia Isabella. *J Insect Physiol*; **16**:979-990.

Mathur S. K. & Shukla, R. M. (1998) Rearing of tasar silkworm. *Indian textile.Jn(86):* 68-77.

Mathur, J. P., Prasad, A. e Tyagi, H. R. S. (1997) Performance of parent races of mulberry silkworm, *Bombyx mori* L. in Southern Rajasthan. *Indian J. Entomol,* **11**: 49-52

Mathur, S. K., Singh, B. M. K., Sinha, A. K. & Sinha B. R. R. P. (1999). Técnicas de criação *do bicho-da-seda* tasar *A.mylittaD. Indian Silk31*: 16-21.

Mathur, S. K., Sinha, B. R. R. P. & Sinha, S. S. (1996) Package for Chawki rearing.*Indian Silk.***34.** (10): 23-26.

Mendiola-Olaya, E.,Valencia-Jime'nez,A.,Valde's-Rodri'guez, S., De'lano-Frier, J.&Blanco-Labra,A. (2000) Amilase digestiva da broca do grão maior, Prostephanus truncates Horn. *ComparativeBiochemistry and Physiology* **PartB126**, 425433.

Mira Madan, Neeru Saluja e Padma Vasudevan (1991) Polythene bag method: Uma nova técnica para a criação do bicho-da-seda tasar até ao terceiro instar: *Indian* **silk30**(8): 41-46.

Mirth CK & Riddiford LM (2007) Size assessment and growth control: how adult size is determined in insect. BioEssays **29**:344-355.

Mishra, P. K. e Singh, R. N. (1992) Pest control by Carbamates in Tasar culture. *Indian Silk,* 43 -44.

Mishra, P. K. Kumar, D., Jaiswal, L., Ashutosh Kumar, Singh, B. M. K., Sharan, S. K., Pandey, J.P. e Prasad, B. C. (2009) Biochemical aspects of diapause preparation in ultimate instar of tropical tasar silkworm *Antheraea mylitta* Drury *J. Ecophysiol. Occup. Hlth.* (**9**):253- 260.

Mohammad Mehrabadi e Ali R. Bandani (2009) Avaliação da atividade da a-amilase do intestino médio do inseto do trigo *Eurygaster Maura, American Journal of AppliedSciences6* (3): 478-483.

Mokrasch, L. C. (1954) Analysis of hexose phosphates and sugar mixtures with anthrone reagent. *J. Biol. Chm.* **208.** 55-59.

Moon, M. A. Sengupta, D e Sinha, S. S. (1996) Hydrogen peroxide a safe and effective cocoon softening agents, *Indian silk.21-22.*

Morohoshi, S. (2000) Development physiology of silkworms (Tradução da segunda edição japonesa), publicado por Mohan Primlani para *Oxford & IBH publishing co. Pvt, Ltd.*, 66, Janpath, New Delhi 110001.

Mutswmura, (1975) *Silkworm Rearing.* Livro de texto sobre Sericultura Tropical, Japan Overseas Cooperative Volunteers. Tóquio, Japão, 457.

Nagaraju, J. e Abraham, E. G. (1995) Purificação e caraterização da amilase digestiva do bicho-da-seda tasar, *Antheraea mylitta* (Lepidoptera: Saturniidae). *Comp. Biochem. Physiol.* **110B**, No. 1, 201-209.

Nagota, M. (1976*)* Silkworm developmental studies. *J. Seric.Sci. Japan.* Vol. 45, pp. 328-336.

Nakasone, S. e Ito, T. (1967) Fatty acid composition of the silkworm, *Bombyx mori* L. *J. Insect. Physiol.13,* 1237-1246.

Nakayama, S., Fuji, S. e Yamamoto, R. (1990) Changes in activities of glycosidases in the haemolymph of the silkworm, *Bombyx mori,* during larval development. *J. Seric. Sci. Jpn.* **59**(6), 443-451.

Narasimha, M. N. e Jolly, M. S. (1969) Morfologia do desenvolvimento do bicho-da-seda tasar, *Antheraea mylitta* Drury, *Bull.Ent,* **10**, 150-152.

Naseema Begum, A.S.M.Moorthy*, S.Venkat, S.Nirmal Kumar e S.M.H.Qadri (2011) influência do análogo da hormona juvenil, metopreno, nas alterações bioquímicas e nos caracteres económicos do bicho-da-seda *Bombyx mori. Revista Internacional de Ciências Vegetais, Animais e Ambientais,;* 1(3): 171-178.

Nayak, B. K. e Jagannatha Rao, C. B. (1998) Domestication of the wild tasar silk moth by natural and artificial diets, The third *International conference on wild silk moths,* Proc. IIIrd Int. Conf, on wild silkmoth, pp. 75-77.

Nayak, B. K., Dash, A.K. Mishra, C. S. K., Nahak, U. K., Dash, M. C. e

Prabhakar, D. R. (1994) Inovação tecnológica para a criação comercial do inseto indiano da seda tasar selvagem, ecorace Godamodal de *Antheraea paphia* Linn. (Lepidoptera : SaturnidaeJ *Int. J. Wilk Silkmoth & Silkl:* 7579.

Nelson Thompson S. (2003) Trehalose - The Insect 'Blood' Sugar, *advances in insect physiology* vol. **31**.

Nguyon-Cong-Huan, A. (1974) Wild sericigenous insects and nonmulberry silks, Ranchi, India, 7-23.

Nitu Kumari and Roy, S. P. (2009) Phenotypic and behavioural traits of some Eco-races of tasar silkworms under the effects of different environmental conditions,*The Bioscan* **6**(4): 547-551.

O. K. Remadevi e T. Rajany (2005) Tasar culture for tribal welfare and sustainable utilization of forest trees -Status and prospects, 17th Commonwealth forestry conference - Colombo, Srilanka.

Ojha, N.G., S.K. Saran, S. Rai e P.N. Pandey (2000).Estudos sobre o consumo e a utilização, em função do sexo, das folhas de diferentes plantas alimentares em diferentes ecoraces do bicho-da-seda tropical tasar, Antheraea mylitta Drury, durante o quinto instar da primeira colheita.*International J. Wild Silkmoth and Silk,* **5**: 241-245.

Ojha, N. G. e Panday, P. N. (2004) Silk production book, publicado por S. B. Nangia para a *APHpublication corporation* New Delhi.

Omana, J., Gopinathan, K. P. (1995) Resposta ao choque térmico em raças do bicho-da-seda da amoreira com diferentes termotolerâncias. *J Biosci.* ;**20**(4):499-513.

Overturf, M e Dryer, R. L. (1969) Experiments in physiology and Bio-chemistry.Keru kut. G. A. (ed). *Academic press,* New York, London.**2**, 8996.

Pandeville E, Maria A. Jacques JC, Bourgouin C, Villemant CD. (2008) Os machos *de Anapheles gambience* produzem e transferem a hormona esteroide vitelogénica 20-hidroxiecdisona para as fêmeas durante o acasalamento. *Proc. Nati. Acad Sci.* USA, 16, 105(50): 619-631.

Pandey, P e Thripathi, S. P. (2008) Efeito da humidade na sobrevivência e no peso das larvas de Bombyx *Mori* Linn. Larvae, *Malásia. Appl. Biol.37(1):* 3739.

Patil G. M. & Savanurmath C. J. (1988) Moth emergence, mating, egg laying and egg hatchability in tasar silk moth , *Antheraea paphia* (Linn) under Bangalore (Karnataka) Indoor conditions. *The Journal of the Karnataka University Science,* **33**, 15-18.

Patil G. M. & Savanurmath C. J. (1989) Can tropical tasar, *Antheraea paphia* be created indoor *Entomon,* **14** (3 & 4), 217-225.

Pol, J. J. e Salunkhe, P. S. (2001) Caracterização parcial da triaciglicerol esterhidrolase pupal do verme do exército, *M. Separata.* (Walker). Geobios.**28**(4): 185-186.

Ponnuvel K. M., Nakazawa H., Furukawa S., Asaoka A., Ishibashi J., Tanaka H. e Yamakawa M. (2003) Uma lipase isolada do bicho-da-seda *Bombyx mori* apresenta atividade antiviral contra o nucleopolyhedrovirus. *J. Virol.* **77**: 10725-10729

Prafulla Kumar Mohanty (2003) Tropical wild silk cocoons of India, livro, *Daya Publishing house,* Nova Deli.

Prasad S, Upadhyay VB. (2012) Influência da 20-hidroxiecdisona no desempenho larvar do bicho-da-seda da amoreira multivoltina *(Bombyx mori* Linn), *African Journal of Basic & Applied Sciences;* 4(5): 146-154.

Price, G. M. (1973) Protein and nucleic acid metabolism in insect fat body. *Biol.Rev.Camb. Philos. Soc.,***48**:333-375.

Prudhomme, J. C. and Couble, P. (1979) The adantation of the silk gland cell to the production of fibroin in *Bombyx mori* L. *Biochimie,* 61, 215.

R. Manohar Reddy, P.M.M. Reddy, C. Siva Reddy, M. Ramesh Babu e B.S. Angadi (2014) Heterobeltiose no bicho-da-seda indiano tropical Tasar,

Antheraea mylitta Drury (Lepidoptera: Saturniidae) em associação com as estações de cultivo, Academic Journal of Entomology 7 (4): 145-150.

Radha Pant (1984) Some biochemical aspects of the eri silkworm, *Philosamia ricini, Sericologia.* **24** (1), pp. 53-91.

Radha Pant e Geetha Jaiswal (1982) Food Utilisation efficiency in *Antheraea mylitta* pupae and *Philosomia ricini* larvae during development, *J. Biosci.,.*4(2),175-182.

Rajani Kanth, P., Sriramulu, M. e Sreenivasa Rao, Ch. (2005) Alterações induzidas pela hormona juvenil II nos teores de proteínas e hidratos de carbono da hemolinfa do quinto instar *de Bombyx mori* Linneaus, *Entomon30(4):* 333336.

Rajasekhar, R., Prasad, B., Subramanyam Reddy, C., Bhaskar, M., Murali, K. e Govindappa, S. (1992). Variações na composição bioquímica dos tecidos nas larvas do bicho-da-seda *Bombyx mori* (L) infectadas com Muscardine. *Indian J. Comp. Anim. Physiol.* **10**(1): 40-44.

Rakesh Gupta, Chatterjee K. K. e Chakravorty D. (2009) Yellow Fly menace in tasar culture, *Indian silk,* vol. 48 pp. 22-23.

Ram Kishore, A. K. Debnath e N. Suranarayana (2009) Integrated management to control Uzi fly, *Bleparipa zebina* Walker, an endoparasitoid of tropical and temperate tasar silkworms, *Sericologia49(4),* 525-530.

Ramesh. M. Gejage e Manisha R. Gejage (2010) Atividade da lipase durante o desenvolvimento larvar de um inseto, *Leuciniodes orbonalis* (Guenee) *Uttar Pradesh J. Zool.* **30**(3): 293-296, 2010.

Rangaswami, G., Narasimhanna, M. N., Kasiviswanathan, K., Sastry, C. R e Jolly, M. S. (1976) Manual on Sericulture, Roma, FAO, **1**, 8397.

Rath, S. S., Ojha, N. G. e Singh, B. M. K. (2001) Effect of Pebrine infection on fecundity and egg retention in silkmoth, *Antheraea mylitta* D. in different seasons, *Indian J. Seric,* **40**, 1. 7-14.

Rath, S., Sinha, B. R. R. R. P. & Thangavelu, K. (1999) Utilização comparativa de alimentos e caracteres adultos em *Antheraea mylitta* D. alimentada em diferentes plantas hospedeiras. Actas do seminário nacional sobre sericultura tropical: Non-mulberry sericulture, Silk technology, Sericulture Economics and Extension, **3**, 12-16.

Riddiford, L. M. (1994): Cellular and molecular actions of juvenile hormone General considerations and pre-metamorphic actions. *Adv Insect Physiol* **24**:213-274.

Riddiford, L. M., Hiruma, K., Zhou, X. e Nelson, C. A. (2003) Insights into the molecular basis of the hormonal control of molting and metamorphosis fromManduca sexta and Drosophila melanogaster.*fnsect Biochemistry and Molecular Biology33:* 1327-1338.

Roe, R. M. & Venkatesh, K. (1990): Metabolismo das hormonas juvenis: Degradação e regulação do título. Em Gupta AP (ed): Morphogenetic Hormones of Arthropods. New Brunswick: Rutgers *Univ. Press,* pp 125179.

Rupesh Dash, Chitrangada Acharya, P. C., Bindu e Kundu, S. C. (2007) Antioxidant potential of silk protein sericin against hydrogen peroxide-induced oxidative stress in skin fibroblasts, *BMB reports* pp. 236241.

Saito, S. (1960) Trealose do bicho-da-seda, *Bombyx mori* L. *J. Biochem.48,* 101-109.

Sakate, P. J. e Pol, J. J. (2002) Lipase activity in the fat body of *Chilo partellus* during larval growth and metamorphosis.*Entomon2:* 147-152.

Sashindran Nair, K., Sashindran Nair, J. e Vijayan,V.A. (2007) Alteração dos metabolitos primários em três tecidos diferentes do bicho-da-seda, *Bombyx mori* L. sob a influência de um Juvenóide, R394, Caspian *J. Env.Sci.* 2007, **5** No.1 .27-33.

Scheirs, J., Debruyn, L. and Verhagen, R. (2002) Seasonal changes in leaf nutritional quality influence grass miner performance. *Ecol. Entomol.,* **27,**

84-93.

Sehnal, F. (1989) Hormonal role of ecdysteroids in insect larvae and during metamorphosis. InEcdysone: from chemistry to mode of action: Koolman J, editor. Estugarda: Georg Thieme. 271-278.

Sen S. K. and Jolly, M. S. (1967) Incidence of mortality of tasar silkworm *Antheraeamylitta* Drury due to diseases in relation to meteorological conditions and larval instars. *Indian J. Seric.* 12, 42-45.

Sethi, P. I. A. e T. P. Sinha, (2001) Village resource development as an incentive to sustain the Joint forest Management Programme. Indian For., **127**: 1215-1222.

Shamachary (1992) Shell compactness: Um conceito de volume para o carácter do casulo, ***sericologia32*** (2): 277-282.

Shamitha G e Purushotham Rao (2005) A Estimation of protein and lipid content in tasar silkworm *Antheraea mylittaD*(Andhra local ecorace), , *Journal of A.P.Akademi of Sciences,***9** (4): 325-331.

Shamitha G e Purushotham Rao (2008) A Estimation of amino acids, urea, uric acid in tasar silkworm *Antheraea mylitta* D., *Journal of Environmental Biology,* **29** (6) 893-896.

Shamitha G. (1998) Comparative Studies on Tasar silkworm *,Antheraea mylitta* Drury, Andhra local ecorace under outdoor and indoor conditions, *Ph. D* Thesis submitted to Kakatiya university, Warangal, Andhra Pradesh, India.

Shamitha G. (2007) Total indoor rearing of the Tasar silkworm, *Everyman's Science.***XLII** NO. 4, Out '07 - Nov '07

Shamitha G. e Purushotham Rao A. (2006) Studies on the filament of tasar silkworm, *Antheraea mylitta* D (Andhra local ecorace) Current Science, **90**, No. 12, 25, 1667-1671.

Shigematsu, H. e Moriyama, H. (1970) Efeito da ecdisterona na síntese de fibroína na divisão posterior da glândula da seda do bicho-da-seda, *Bombyx mori. Journal of Insect Physiology16,* 2015-2022.

Shiva Kumar, G. and Shamitha , G.(2009) Larval mortality of tasar silkworm *Antheraea mylitta* D. (Daba TV) due to Pebrine disease in outdoor and indoor conditions, *Proc. of National seminar on Biotechnology in life sciences -current trends and developments,* Organised by Kakatiya Degree College and P. G. College (18-19th July) Warangal, A. P.

Shiva Kumar, G. e Shamitha , G.(2011) Estudos comparativos da atividade da amilase no bicho-da-seda tasar criado no exterior e no interior, *Antheraea mylitta* Drury (Daba TV), *asiático. J. Exp. Biol. Sci.* Vol (2):265- 269.

Shiva Kumar, G., Shamitha , G. e Purushotham Rao, A.(2011) Estudos sobre o impacto dos factores ambientais no desempenho da criação do bicho-da-seda tasar, *Antheraea mylitta* Drury (Daba TV Ecorace), *Sericologia* **51(3),** 397-408.

Shruti Rai, Kamal, K., Aggarwal e Cherukuri Babu,R. (2006) Influence of host plant (*Terminalia arjuna*) defences on the evolution of feeding behavior in the tasar silkworm, *Current Science,* **91**(1), 68-72.

Singh, B. M. K. e Srivastava A. K. (1997) Ecoraces de *Antheraea mylitta* Drury e estratégia de exploração através da hibridação. CTR&TI, Seminário de Tecnologia Atual em Sericultura Não-Mulberry. Documento de base 6: 1-39.

Singh, B. M. K., Mishra, P. K., Sharan, S. K., Dinesh Kumar, Tiwari, S. K., Majumdar, R. R., Sharma, K. K. Rai S. e Suryanarayana N. (2008) Latitudinal effects on the voltinism behaviour of tropical tasar silkworm *Antheraea mylitta* Drury *J. Ecophysiol. Occup. Hlth.* **(8)** 37-45.

Singh, G. S., Prasad, B. C. and Chattopadhyay, S. (2010) Use of tarpaulin top nylon net in young age rearing for better tasar crop production during rainy season, *Uttar Pradesh. J. Zool.* **30**(1): 131-132.

Singh, R. N e Thangavelu, K. (1991) Parasites and predators of tasar silkworm, *Indian Silk,* **29** (12), 33-36.

Singh, R. N., Bajpayee, C. M., Jayaswal, J. e Thangavelu (1992) Perspective of biological control in tasar culture, *Indian silk,* **31**(7) pp 48-50.

Sinha, R. K., Kulshreshta, V., Mishra, P. K. e Thangavelu, K. (1992) Constraints of the Tasar Silk Industry in India, *Indian Silk,* **31**(1) p 31-37.

Sinha, S. S. e Sinha A. K. (1994) Genetic analysis of Quantitative traits of *Antheraea mylitta* D. *Int. J. Wild silk moth & Silk,* **1**: 177-181.

Sinha, U. S. P., Bajpai, C. M., Sinha, A. K., Brahmhachari, B. N. & Sinha, B. R. R. P.(2000) Food consumption and utilization in *Antheraea mylitta* Drury larvae. *Int. J. Wild Silk moth & Silk,* **5**:182-186.

Srivastava, A. K., Naqvi, A. H., Roy, G. C. e Sinha, B. R. R. P. (2000) Temporal variation in qualitative and quantitative characters of *Antheraea mylitta* Drury. *Int. J. Wild silk moth and* **Silk5**: 54-56.

Srivastava, P. P., Banerjee, N. D., Saxena, N. N., Shukla, R. M., Bansal A. K. e Thangavelu K. (1992) Turnover of some biochemical constituents during embryogenesis of *Antheraea mylitta* Drury to monitor the efficacy of carbbendzim and chloroquine in controlling microsporiosis, *Journal of Research on the* **Lepidoptera31**(3-4): 205-212.

Stephanie, A., Westerlund, Klaus H., Hoffmann (2004) Rapid quantification of juvenile hormones and their metabolites in insect haemolymph by liquid chromatography-mass spectrometry (LC-MS), *Anal Bioanal Chem* 379: 540-543.

Sudhakara Rao, P., Nataraju, B., Balavenkatasubbaiah, M. e Dandin,S. B. (2006) Studies on transfer of disease resistant genes non- susceptible to denosonucleosis virus type 1 (BmDNVl) into productive silkworm breeds, **Sericologia46**(4) 383-391.

Sudhansu Shekhar Rath (2010) Food utilization efficiency in *Antheraea* *mylitta* fed on *Terminalia arjuna* leaves, *Academic Journal of Entomology* **3**(1): 23-28.

Suryanarayana, N. and Srivastava A.K. (2005) Monograph on tropical tasar silkworm, publicado pelo Diretor Central Tasar Research and Training Institute, Central Silk Board. [Ministério dos Têxteis e Instituto de Formação - Governo da Índia] Ranchi, Jharkhand.

Sushila Gupta and Pathak, J. P. N. (1984) Correlation between lipid and water contents of bivoltine strain (NB 18) of silkworm *B.mori* L. during its developmental stages. *Indian J. Seric.23,* 42-45.

Suzuki, Y. (1977) Differentiation of the silk gland. Um sistema modelo para o estudo da ação diferencial dos genes, *CellDiffer,* **8**, 1-44.

Tazima, Y. (1971), Radiation mutagenesis of the silkworm. *Instituto Nacional de Genética,* yata, Mishima 411 Japão.

Tembhare, D. B., e Barsagade, D. D. (2003) Effect of microbial infection on the posterior silk gland in the tropical tasar silkworm, *Antheraea mylitta* (Drury) (Lepidoptera: Saturniidae), *Entomon.* **28**(3): 231-235.

Terashima J, Takaki K, Sakurai S e Bownes M. (2005) Nutritional status affects 20-hydroxyecdysone concentration and progression of oogenesis in *Drosophila melanogaster, Journal of Endocrinology,* 187:69-79.

Thangavelu K. (1993) Identification of problems and prospects in tasar culture. CTR&TI, Ranchi, Proc. do seminário realizado em 29-30 de agosto de 1992, Kakatiya University & C.S.B, Warangal, A.P., Índia, 57-62.

Thangavelu K. Bajpayee C. M. & Bania H. R. (1992) Indoor rearing of tropical tasar silkworm, *Antheraeamylitta* D. Wild silk moths, 99-103.

Thangavelu, K. & A. K. Sinha, (1993) Population ecology of *Antheraeamylitta* Drury (Lepidoptera : Saturniidae) in Wild silkmoths'92, editado por H. Akai, Y. Kato, M. Kiuchi & J. Inouchi. Sociedade Internacional de Silkmoths selvagens. Instituto Nacional de Ciência

Sericícola e Entomológica, Tsukuba, Japão. 87- 92

Thangavelu, K., (1992) Population ecology of *A. mylitta* D (Lepidoptera: Saturnidae). *Wild Silkmoths,* , 99-104.

Thirumalaisamy, R., Gowrishankar, J., Suganthapriya, S., Prakash, B., Ashok Kumar, L. e Arunachalam, G. (2009) Genetic variability in by biochemical and bioassay methods for increased silk productivity. *J Biomed Sci and Res.,* **1** (1), 11-18.

Thomson, J. A. (1975) Major patterns of gene activity during development in holometabolous insects. *Adv.Insect Physiol.* **11**:321-398.

Tietz, N. W. e Fiereck, E. A. (1966) Um método específico para a eliminação da lipase sérica Clinical Chim. Ata **13**(3):352.

Tojo, S., Kiguchi, K e Kimura, S. (1981) Hormonal regulation of storage protein synthesis and uptake by the fat body in the silkworm *Bombyx mori, Journal of insect physiology27:491-497.*

Tzenov, P. (1993) Estudo sobre a utilização de alimentos em raças genéticas de sexo limitado para caraterísticas de ovos e larvas do bicho-da-seda, *Bombyx mori* L. quantidades moderadas, reduzidas e excessivas de alimentação, *Sericologia,* **33**(2): 247-256.

Unni Bala Gopalan, Jyothi Rekha Saikia & Archana Yadav (2004) Estudos bioquímicos da atividade da amilase em dois bichos-da-seda que não são da amoreira, *Antheraea assama* e *Philosamia riciniboisduval* (Lepidoptera : Satuniidae): Uma análise comparativa, *Sericologia.***44**(3): 59-65. utilizando linhas quase isogénicas do bicho-da-seda, : **10**,Artigo 84.

Vernick, K. D., Fujioka, H., Seeley, DC., Tandler, B., Aikawa, M., Miller, L. H. (1995). Plasmodium gallinaceum-Um mecanismo refratário de ookinete matando o mosquito, Anopheles gambiae.*Exp. Parasitol.***80**(4): 583-595.

Vesna Peric-Mataruga, Vera Nenadovic, e Jelisaveta Ivanovic (2006)

Neurohormones in insect stress: a review, *Arch. Biol. Sci., Belgrado*, **58** (1), 1-12.

Vishwanath, G.K., Jayaramaiah, M. e Shankar, M. A. (1987). Alimentação com folhas de amoreira suplementadas com nutrientes secundários e micronutrientes através da folhagem sobre o desempenho da criação do bicho-da-seda, *Bombyx mori* L. *Mysore J. Agric. Sci.,* **37:** 175-179.

Webb, B. A. e Reddiford, L. M. (1988) Synthesis of two storage proteins during larval development of the tobacco hornworm. *Munduca sexta, Devlopmental biology130:* 671-681.

Wigglesworth, V. B. (1954) The Physiology of Insect Metamorphosis. Cambridge, MA: Cambridge University Press.

Williams C M (1954) Isolation and identification of the prothoracic gland hormone of insects, Anat. Rec., 120: 743.

Wyatt G. R. e Kalf, G. F. (1957) The chemistry of insect haemolymph. l.Trehalose and other carbohydrates, J. Gen. Physiol. **40**, 833- 847.

Wyatt, G. R. (1975) Regulation of protein and carbohydrate metabolism in insect fat body. *Verh.Dtsch. Zool.Ges.* 1974:209-226.

Yadav, G. S. and Mahobia, G. P. (2010) Effect of different food leaves on rearing performance in Indian tropical Tasar silkworm, *Antheraeamylitta* Drury (Lepidoptera: Saturniidae), *Utter Pradesh J. Zool.* **30**(2) : 145-152.

Yetter, M. A., Saunders, R. M. & Boles, H. P. (1979) a-Amylase inhibitors from wheat kernels as fator in resistance to postharvest insects.*Cereal Chemistry56"* 243244.

Yoko Takasu, Hiraomi Yamada e Kozo Tsubouchi (2002) Isolamento de três componentes principais de sericina do casulo do bicho-da-seda, *Bombyx mori, Biosci.Biotechnol.Biochem.,66* (12), 2715-2718.

Yokoyama, (1962) *Ciência Sintetizada da Sericultura,.* Central Silk Board,

Bombaim, Índia: 210-223

Yukio Tanaka e Tyuzi Kusana (1980) A atividade da amilase da hemolinfa durante o desenvolvimento do bicho-da-seda, *Bombyx mori, L.* J. Sericult.Sci. Japan. **49**(2), 95-99.

Yungen, M. e Junliang, X. (1994) Estudo sobre a qualidade do casulo criado com uma dieta artificial. *Seric.Sci.* (chinês) **20** (3).

Zhao Z. (1997) Progresso na investigação do mecanismo de resistência dos insectos ao frio. *Entomol Sinica;* **4**(3):265-276.

Sobre os autores

: Dr. G. Shivakumar

O Dr. G. Shivakumar fez o mestrado (Zoologia) na Universidade de Kakatiya em 2007. Participou no projeto UGC-MRP como bolseiro de projeto sob a orientação do investigador principal, o Professor Assistente Shamitha, durante o período de 2008-2011. Fez o doutoramento com o mesmo tema do seu projeto de sericultura e a tese foi apresentada no Departamento de Zoologia da Universidade de Kakatiya, Warangal, Estado de Telangana-506009. Qualificou-se no exame SET realizado pelo Governo do Estado de Telangana em 2013. Publicou 8 artigos de investigação em várias revistas internacionais/nacionais. Atualmente, trabalha como professor a tempo parcial na Faculdade de Artes e Ciências da Universidade, Subedari, distrito de Hanamkonda, Warangal, Estado de Telangana.

&

Supervisor

Dr. G. Shamitha

A Dra. G. Shamitha é Professora Assistente no Departamento de Zoologia da Universidade de Kakatiya, Warangal, Estado de Telangana. Lecciona Zoologia desde há 20 anos. Tem uma longa carreira académica e tem transmitido conhecimentos a estudantes de graduação e de pós-graduação. Orientou 3 estudantes para o doutoramento. A sua área de especialização é a Seri-biotecnologia.

Está ativamente envolvida em várias actividades de investigação; é membro vitalício de vários organismos científicos nacionais; concluiu com êxito 04 grandes projectos de investigação financiados pela UGC e DBT e organizou 08 programas científicos a nível nacional. Participou em muitas conferências, seminários e workshops, apresentou 20 trabalhos de investigação e contribuiu com mais de 50 resumos de investigação. Até à data, publicou 40 artigos em revistas nacionais e internacionais e é coautora de 05 livros sobre sericultura. É uma pessoa de recurso para as disciplinas de Zoologia e Sericultura e "Mulheres e Investigação", para workshops e seminários patrocinados pela UGC. Foi responsável pelo programa NSS para as mulheres e as asas da ciência durante cinco anos e, atualmente, é diretora do Centro de Estudos das Mulheres da Universidade de Kakatiya.

Printed by Books on Demand GmbH, Norderstedt / Germany